Basic & Applied Design of Hydraulic Structure

기초 및 응용 수공설계

노 섭 저

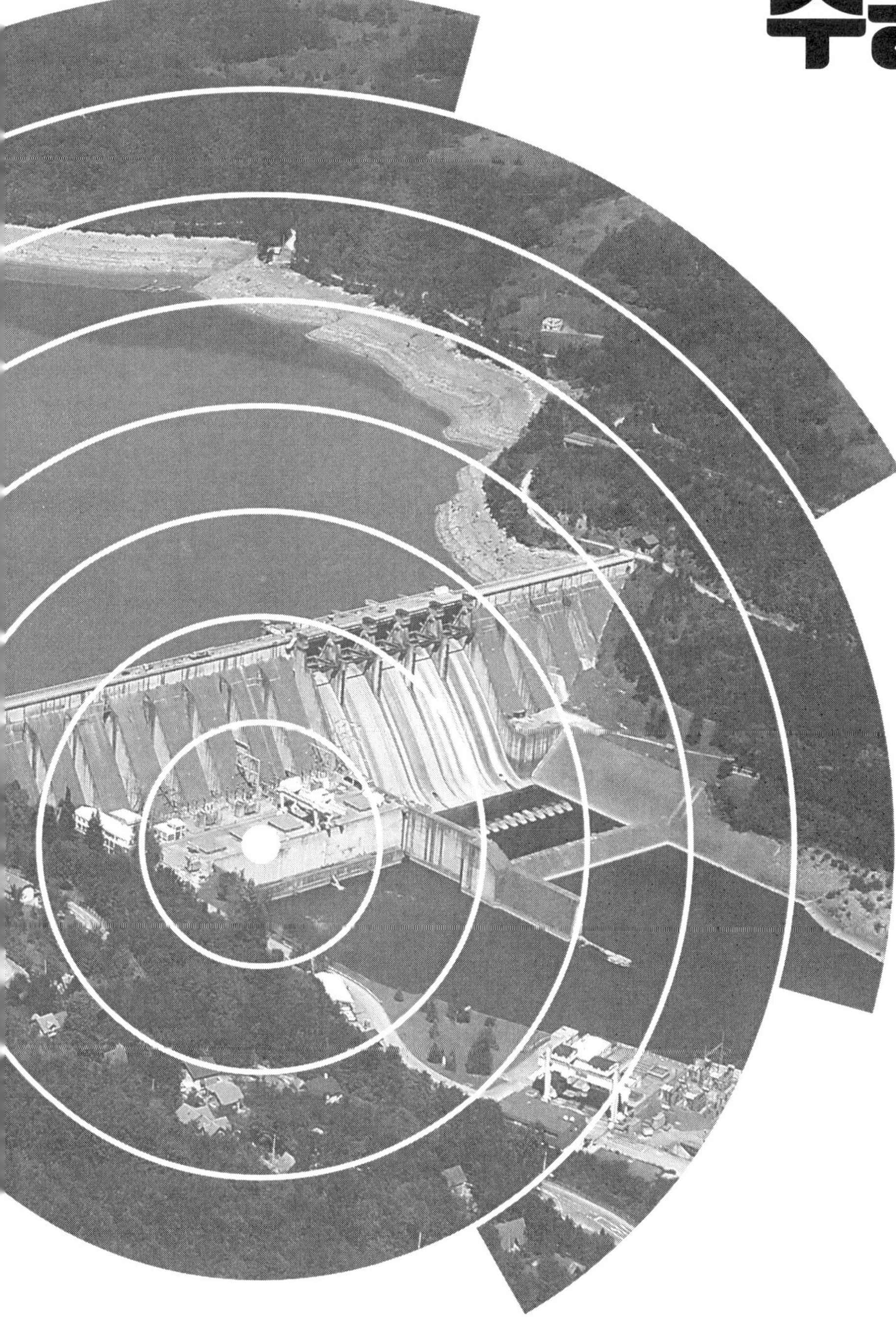

도서출판
구미서관

머리말 _ Preface

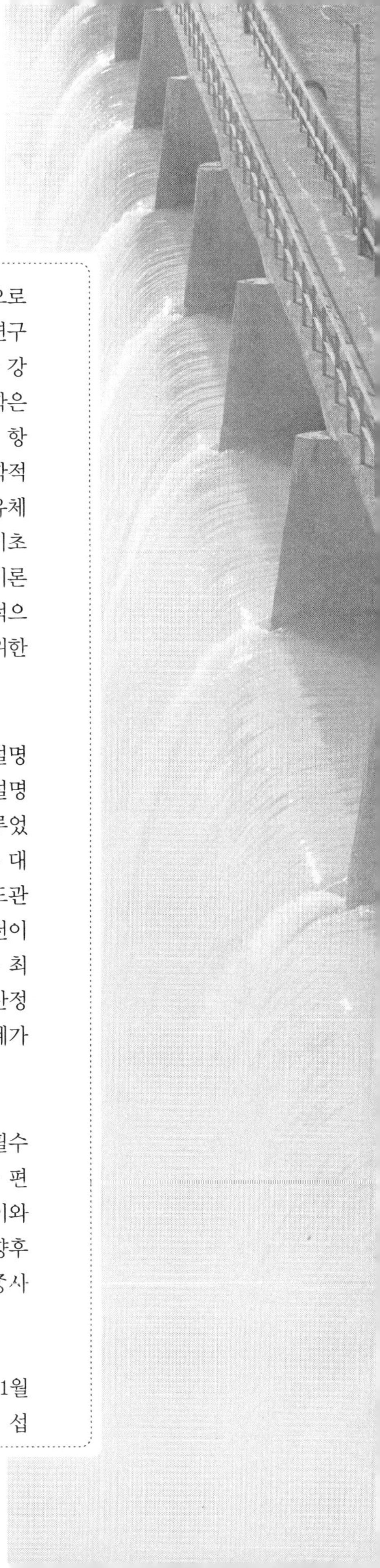

최근 우리나라 및 전세계적인 기상이변으로 인한 국지적인 호우 등으로 발생되는 침수피해 및 여러 재해는 토목공학을 전공으로 연구하는 연구자나 실무에서 활동하는 기술자들에게 수공구조물에 대한 중요성을 강하게 인식시키고 있다. 수공구조물의 설계에 직접 활용되는 수리학은 수문학에서 제공되는 자료를 근거로 수행된다. 수리학은 하천공학, 항만공학, 해안공학, 위생공학, 발전수력공학, 관개배수공학 등의 역학적 기초를 이루는 학문으로서 유체역학(Fluid Mechanics)으로부터 유체(流體)중 물에 관해서 그 물리적 성질을 연구하는 학문이다. 이에 기초 및 응용 수공구조물의 설계에서 수리학(hydraulics)은 물에 관한 이론을 유도하여 이것을 토목기술자가 실제문제 해결에 응용 또는 공학적으로 쉽게 실용화하기 위한 이론적 배경 뿐만 아니라 경험식활용을 위한 실험적 배경을 보이고 있다.

이 책의 내용을 정리해보면 1장에는 물의 물리적인 기본성질을 설명하였고, 2장에서는 상대적인 움직임이 없는 상태인 정수역학을 설명하였으며, 3장에서는 물리학의 3대 법칙이 적용된 동수역학을 다루었다. 4장에서는 수공설계에서 가장 중요한 인자인 유량을 산정하는 대표적인 시설인 오리피스와 위어를 설명하였으며, 5장에서는 상수도관과 같이 물이 꽉 찬 상태로 흐르는 시설인 관수로, 6장에서는 하천이나 평상 시 하수도관과 같은 흐름인 개수로를 다루었다. 7장에는 최근 우리나라의 대체수자원으로 매우 필요한 지하수에 대한 유량 산정 등이 설명되었으며, 마지막으로 8장에는 소하천 수공구조물의 설계가 소개되었다.

이와 같이 본 책의 목적은 인류가 생명을 유지하고 생활하는데 필수적인 물에 관하여 전공자가 물에 관한 정보를 습득하는데 가능한 편리하도록 하는데 있으므로 편한 마음으로 접근하기를 당부한다. 이와 같이 물에 대한 정보를 정확한 이해와 용이한 접근성을 통하여 향후 물과 관련된 학문을 수학하는 전공학도들과 물과 관련된 업무에 종사하는 실무기술자에게 도움이 되도록 기여하고자 한다.

2021년 1월

노 섭

목차 _ Contents

Chapter 04 오리피스와 위어

Chapter 05 관수로

Chapter 06 개수로

목차 _ Contents

표목차 _ Table contents

그림목차 _ Image contents

그림목차 _ Image contents

물의 물리적인 기본성질

CHAPTER

01

물의 물리적인 기본성질

1.1 수리학의 정의

수리학(水理學, hydraulics)은 정지해 있거나 흐르는 '물'을 중심으로 한 유체의 여러 가지 현상을 역학(力學, mechanics)에 기초하여 규명하는 학문이다. 이는 하천, 운하, 수로 등에서 물의 흐름, 압력, 파동 등과 관련된 현안 과제를 해결하고 나아가 실제 각종 수공 구조물 설계와 관리 등에 이바지할 목적으로 발전해 온 공학(工學, engineering)으로서 유체역학(流體力學, fluid mechanics)의 응용 학문이다. 유체역학이 성립한 18세기 이전 수리학은 인류의 역사와 맥을 같이 하면서 주로 경험에 바탕을 두고 있었지만, 18세기 이후에는 유체역학의 학문적 이론을 바탕으로 하고 경험과 실험을 접목하여 자연과 사회 환경에서 발생하는 물 문제를 해결하고자 하는 실용 학문이다.

1.2 물의 일반적인 사항

TIP

물의 물리적 의미는 수리학에서 가장 기초적인 분야이며 특히 밀도와 단위중량, 비중은 다른 장의 계산문제에 기초부분이 되므로 세부적으로 정리해 놓아야 한다.

물리적인 기본양은 질량과 중량으로 구분되는데, 질량은 말 그대로 물체가 가지고 있는 순수한 양이며 중량은 질량에 지구만이 가지고 있는 중력가속도(9.8 m/sec^2)가 작용하는 양이다. 질량과 중량을 구분하여 정리한 것이 표 1.1이다.

물질의 단위체적당의 질량의 크기를 밀도(density, ρ)라 하며 단위 체적당의 중량을 비중(specific weight)이라 한다.

대체로 1기압에서 순수한 물은 4℃에서 최대밀도를 갖고 가장 무거우며 그 값은 1g/cm^{3}이며 비중은 1이다. 그리고 이보다 높거나 낮거나 밀도는 감소한다.

또 빙점이하가 되면 보통 고체와 같이 온도의 강하에 따라 수축하며 밀도 또는 비중은 커진다.

표 1.1 질량과 중량

구분	기호	단위	해설 및 공식
질량(mass)	m	g_0, kg_0	물체의 고유무게
중량(weight) (=무게= 하중= 힘)	W	N, KN, g, Kg,	물체에 작용하는 중력의 크기 $W = mg_0 = 1g_0 \times 980\ cm/sec^2$ $= 980\ g_0 \cdot cm/sec^2 = 980\ dyne$ $\therefore\ 1\ dyne = 1g_0 \cdot cm/sec^2$

한편, 물의 기본적인 양을 표현하고자 밀도와 단위중량을 정리하면 표 1.2와 같다.

표 1.2 밀도와 단위중량

구분	기호	단위	해설
밀도 (density)	ρ	g_0/cm^3 kg_0/m^3 t_0/m^3	물체의 단위체적당 질량.(=비질량) $\rho(\text{밀도}) = \frac{m(\text{질량})}{V(\text{체적})} = \frac{\omega(\text{단위중량})}{g(\text{중력가속도})}$
단위중량 (specific weight)	ω	$dyne/cm^3$ N/m^3 kN/m^3 g/cm^3 kg/m^3 t/m^3	물체의 단위체적당 중량.(=비중량) $\omega(\text{단위중량}) = \frac{W(\text{중량})}{V(\text{체적})} = \frac{mg}{V} = \rho g$ ※ 물의 단위중량 $1\ t/m^3 = 1{,}000\ kg/m^3 = 1\ g/cm^3$ $= 9.8kNm^3 = 9{,}800\ N/m^3 = 980\ dyne/cm^3$

물의 온도변화에 의한 밀도(비중)의 변화는 표 1.3과 같다.

표 1.3 물의 온도와 비중과의 관계

온도(℃)	−20	−10	0	4	10	20	30
얼음	0.9403	0.9186	0.9167				
물			0.9999	1.0000	0.9997	0.9982	0.9957
온도(℃)	40	50	60	70	80	90	100
물	0.9922	0.9881	0.9834	0.9779	0.9719	0.9656	0.9584

수리학에서 계산하는 물의 밀도는 그 차가 극히 작으므로 불순물의 영향을 무시하고 보통 온도의 물의 단위중량을 다음과 같이 계산한다.

$$담수\ (w) = 1\,g/cm^3 = 1\,kg/l = 1{,}000\,kg/m^3 = 1\,t/m^3$$

$$해수\ (w') = 1.025\,g/cm^3 = 1.025\,kg/l = 1{,}025\,kg/m^3 = 1.025\,t/m^3$$

$$비중\ (G) = \frac{물체의\ \ 단위중량(w_s)}{물의\ \ 단위중량(w_o)}$$

로 표시되는데 다음과 같은 방법으로 값을 구하기도 한다. 이로부터 비중에는 단위가 없음(무차원)을 알 수 있다.

$$\mathrm{G} = \mathrm{s} = \frac{\mathrm{W_s}}{\mathrm{W_0}} = \frac{\omega_\mathrm{s}}{\omega_0} = \frac{\rho_\mathrm{s}}{\rho_0}$$

여기서, $\mathrm{W_s}$, ω_s, ρ_s : 물체의 중량, 단위중량, 밀도

$\mathrm{W_0}$, ω_0, ρ_0 : 물의 중량, 단위중량, 밀도

예제 1.1

용적이 5.8m^{3}의 액체의 중량이 6.35ton이다. 물체의 단위중량(w_s), 밀도(ρ) 및 비중(γ)을 구하여라.

해설

$$w_s = \frac{W}{V} = \frac{6.35}{5.8} = 1.095\,t/m^3 = 1{,}095\,kg/m^3$$

$$\rho = \frac{w_s}{g} = \frac{1095}{9.8} = 111.73\,kg \cdot \mathrm{sec}^2/m^4$$

$$G = \frac{물체의\ 단위중량}{물의\ 단위중량}$$

$$= \frac{w_s}{w_o} = \frac{1{,}095\,kg/m^3}{1{,}000\,kg/m^3} = 1.095$$

예제 1.2

용적 4.6m^3의 해수의 단위중량 $w_s = 1.025\ t/m^3$일때, 이 유체의 중량, 밀도 및 비중을 구하여라.

해설

$$w_s = \frac{W}{V}$$

$$W = w_s \cdot V = 1.025\,t/m^3 \times 4.6\,t/m^3 = 4.715\ t$$

$$\rho = \frac{w_s}{g} = \frac{1.025\ t/m^3}{9.8\ m/\sec^2} = \frac{1{,}025\ kg/m^3}{9.8\ m/\sec^2}$$

$$= 104.59\ kg \cdot \sec^2/m^4$$

$$G = \frac{\text{물체의 단위중량}}{\text{물의 단위중량}} = \frac{w_s}{w_o}$$

$$= \frac{1{,}025\ kg/m^3}{1{,}000\ kg/m^3} = 1.025$$

한편, 유체는 다음과 같이 분류된다.

(1) 이상유체(=완전유체) : 비압축성, 비점성의 유체.

(2) 실제유체 : 압축성, 점성의 유체.

(3) 압축성과 비압축성

① 압축성유체 : 밀도는 0이 아니고 변화한다.

② 비압축성유체 : 밀도는 일정(constant)하고 변화하지 않는다.

(4) 점성과 비점성

① 점성유체 : 점성계수가 0이 아니다.(점성이 고려된다.)

② 비점성유체 : 점성계수가 0이다.(점성은 고려되지 않는다.)

1.3. 물의 기본성질

TIP

물의 기본 성질에서는 물에 대한 거동에 대해서 다루게 된다. 일반적인 물의 성질을 이해하고 점성과 표면장력, 모세관 현상은 충분히 숙지하고 있어야 한다.

1. 물의 압축성

물에 압력을 가하면 작은 량으로 수축하고 이것이 없어지면 원형으로 돌아가는 성질을 가지고 있다고 볼 수 있는데 이것을 물의 압축성(Compressibility)이라고 한다.
온도를 일정하게 하고 압력을 P에서 $P+\Delta P$로 증가시켰을 때 체적이 V에서 $V-\Delta v$로 수축되었다고 하면 Hook의 법칙에 의하여

$$\frac{응력(stress)}{변형률(strain)} = E(상수)\ 가\ 되며,\ dV/V = 체적변형률(e)이므로$$

$$C = \frac{-\dfrac{\Delta V}{V}}{\Delta P} = -\frac{\Delta V}{V\Delta EP}$$

이 C를 물의 압축률 (modulus of compressibility) 이라 하고 그 역수

$$E = \frac{1}{C} = -\frac{\Delta P}{\dfrac{\Delta V}{V}} = -\frac{\Delta P}{e},\quad C = \frac{1}{E} = -\frac{e}{\Delta P}$$

를 체적 탄성 계수(bulk modulus of elasticity)라 한다. 이를 정리하면 다음과 같다.

(1) 평균 압축율(C, modulus of compressibility) : 압력의 변화량에 대한 체적의 변화율의 비

$$\mathrm{C} = \frac{\Delta \mathrm{V}/\mathrm{V}}{\Delta \mathrm{p}} = \frac{1}{\mathrm{E}}(\mathrm{cm^2/kg})$$

여기서, ΔV: 체적변화량, V: 원체적, Δp: 압력변화량, E: 체적탄성계수.

(2) 체적탄성계수(E, bulk modulus of elasticity)

: 체적의 변화율에 대한 압력의 변화량의 비(평균압축율의 역수)

$$E = \frac{\Delta p}{\Delta V/V} = \frac{1}{C}\,(kg/cm^2)$$

물은 압력증가시 체적이 감소하며, 일반적으로 평균압축율은 10℃ 1기압에서 $\frac{4}{100,000} \sim \frac{5}{100,000}$ 이다. 이는 실무에서는 무시할 정도의 양이므로 물은 압축성을 무시한 이상유체(완전유체)로 간주한다.

예제 1.3

온도 15℃에서 물의 체적탄성계수가 2.0×10^4 kg/cm^2일 때 $1kg/cm^2$의 압력 증가에 의한 체적변화율은?

해설

$E = 2.0 \times 10^4 = \frac{1}{\Delta V/V}$ 에서 $\Delta V/V = 0.00005 = 0.005\%$

∴ 압력이 $1kg/cm^2$ 증가하면 체적은 0.005% 감소한다.

2. 물의 점성

물이 흐르고 있을 경우 그 한 단면에 있어서의 유속은 각 지점에 있어 차이가 있다. 유속이 빠른 부분은 느린 부분을 전방으로 잡아당기는 작용을 하며 유속이 느린 부분은 빠른 부분을 후방으로 잡아당기는 작용을 한다. 이와 같은 작용은 그 면에 따라서 마찰저항 즉 전단응력이 생기기 때문에 일어나는 것이다. 물의 이러한 성질을 점성(viscosity)이라 한다.

또는 운동하고 있는 물 내부에 속도차이가 있을 경우는 그 사이에 존재하는 물 입자들은 이 상대유속에 저항하여 물의 흐름을 균일한 속도로 만들려고 서로의 조절작용을 일으키게 된다. 이와 같은 물의 성질을 점성이라고 부른다. 이 점성으로 인하여 물 내부에는 전단응력이 생기게 된다. 즉, 물 입자가 상대적으로 운동할 경우, 물입자간 또는 물 입자와 고체 경계면 사이에 상대적인 속도 차이에 의해 마찰력을 발생시키는 물의 성질로 Newton은 다음과 같은 점성법칙을 제시하였다.

$$\tau = \mu \frac{dV}{dy}$$

여기서, τ : 전단응력(마찰력)

μ : 비례상수(점성계수)

$\frac{dV}{dy}$: 속도 변화율(경사, 구배, 기울기)

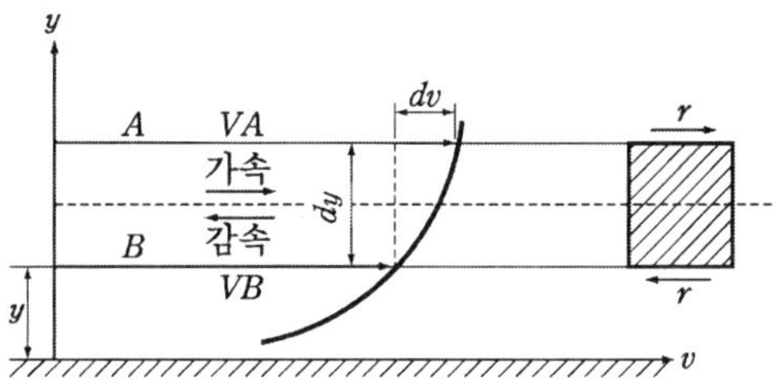

그림 1.1 Newton의 점성의 법칙

상기의 점성법칙에서 μ를 점성계수(Coefficient of Viscosity)라 하며 온도에 따라서 변화하며 물의 점성계수 μ와 온도 T℃ 사이에는 다음과 같은 관계가 있다.

$$\mu = \frac{0.0179}{1 + 0.0337\,T + 0.000221\,T^2}\ (g/cm\cdot \mathrm{sec})$$

즉, 점성계수와 수온은 반비례한다는 것이며, 이는 그림 1.2과 같다. 한편, $1/\mu$을 물의 유동성(fluidity)이라 하며 공학상의 계산에서는 질량단위로 표현되는 μ대신 μ를 밀도 ρ로 나눈 ν를 사용할 경우가 많다.

$$\nu = \frac{\mu}{\rho} = \frac{g/cm\cdot \mathrm{sec}}{g/cm^3} = (cm^2/\mathrm{sec})$$

이 ν를 동점성 계수(coefficient of kinetic viscosity)라 하며 cm^2/sec 또는 m^2/sec와 같은 단위로 표시하며 1 cm^2/sec를 1 stokes라 한다. 이와 같은 사항을 정리하면 다음의 표 1.4와 같다.

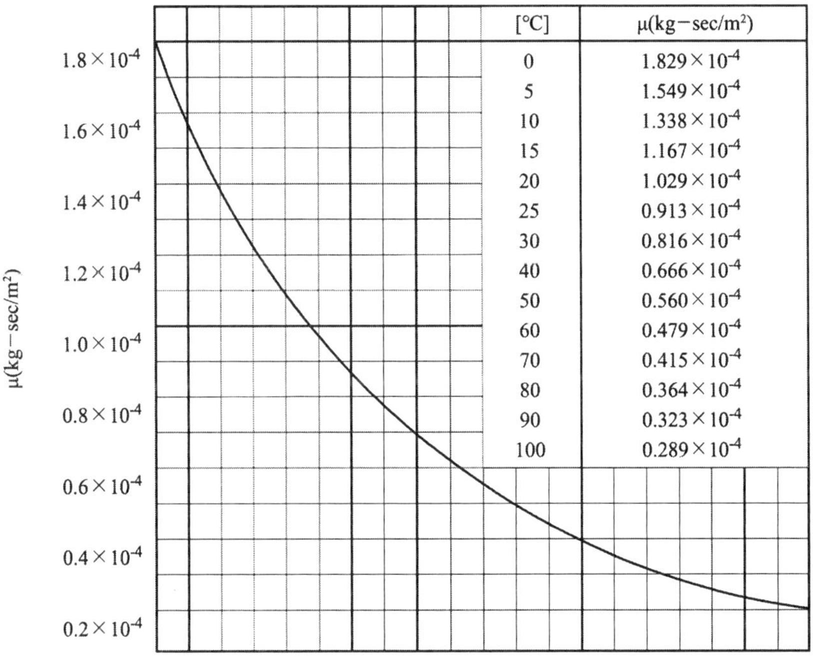

[°C]	μ(kg−sec/m²)
0	1.829×10^{-4}
5	1.549×10^{-4}
10	1.338×10^{-4}
15	1.167×10^{-4}
20	1.029×10^{-4}
25	0.913×10^{-4}
30	0.816×10^{-4}
40	0.666×10^{-4}
50	0.560×10^{-4}
60	0.479×10^{-4}
70	0.415×10^{-4}
80	0.364×10^{-4}
90	0.323×10^{-4}
100	0.289×10^{-4}

그림 1.2 점성계수와 온도의 관계

표 1.4 점성계수 및 동점성계수

구분	기호	해설 및 공식
점성 계수	μ	$\mu = 1\,\text{poise} = g/cm{\cdot}sec$ 차원 : $[ML^{-1}T^{-1}]$ ← [LMT]계, $[FL^{-2}T]$ ←[LFT]계
동점성 계수	ν	$\nu = 1\text{stokes} = \dfrac{\mu(g/cm{\cdot}sec)}{\rho(g/cm^3)} = cm^2/sec$ 차원 : $[L^2T^{-1}]$ ← 힘의 차원을 갖지 않음
유동 계수		점성계수의 역수$(=\dfrac{1}{\mu})$

예제 1.4

물의 온도가 20℃일 때 밀도가 0.9950 g/cm³이면 점성계수 $\mu = 7.998\times10^{-3}$g/ cm · sec일 때 동점성계수는?

해설

$$\nu = \frac{\mu}{\rho} = \frac{7.998\times10^{-3}\text{g/cm·sec}}{0.9950\text{g/cm}^3} = 8.04\times10^{-3}\text{cm}^2/\text{sec}$$

3. 표면장력

물질 내에 서로 인접하는 분자들은 서로 잡아당기려고 한다. 이와 같이 같은 분자 사이의 힘(인력)을 응집력(cohesion)이라 한다. 또한, 유체가 고체 표면에 부착하고 있는 것을 떼어내려고 할 때와 같이 서로 다른 종류의 분자들 사이에 작용하는 힘(인력)을 부착력(adhesion)이라고 한다. 예를 들어 나뭇잎 끝에 있는 이슬은 응집력에 그 형태를 유지하며 부착력에 의하여 그 위치를 유지한다.

기체에 접하고 있는 액체의 자유표면은 장력에 의하여 잡아당겨진 완전히 탄성적인 얇은 막과 같은 성질을 가지는데 이것을 표면장력(surface tension)이라 한다. 즉, 액체 표면에서는 응집력에 의해 서로 잡아당겨 그 표면적을 최소로 하려는 힘이 작용하는데, 이와 같이 다른 물체와 액체의 경계면에 작용하는 분자인력에 의한 힘을 표면장력이라 하며 단위는 dyne/cm이다. 그림 1.3은 물방울에 작용하는 표면장력으로 내외부의 압력 차이를 나타내며, 이를 정리하면 다음과 같다.

$\Sigma F_y = 0$에서 $A \times \Delta p = \pi \times d \times T$ 이므로

$T = \dfrac{\Delta p\, d}{4}$ 또는, $\Delta p = \dfrac{4T}{d}$

여기서, Δp : 물방울 내외부의 압력차.

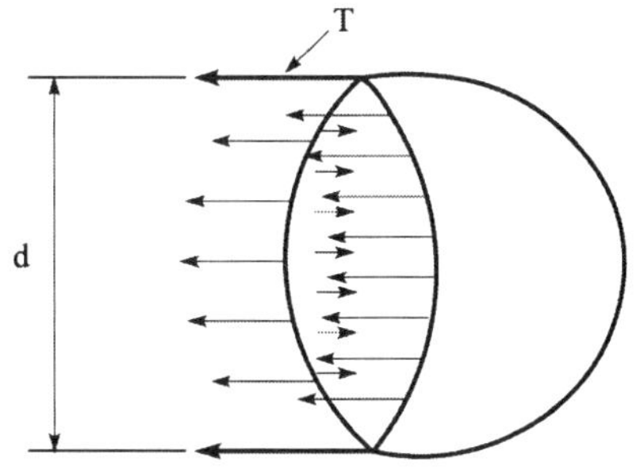

그림 1.3 물방울에 작용하는 표면장력

표 1.5에 공기와 접하는 물과 기타 액체의 표면장력 사례를 정리하였다.

표 1.5 공기에 접하는 물과 기타 액체의 표면장력

물 질	물									에틸 알코올	벤젠	수은
온도(℃)	0	5	10	15	20	25	30	50	100	20	20	15
dyne/cm	75.64	74.92	74.22	73.49	72.75	71.93	71.18	67.91	58.85	22.30	28.88	487
g/cm	0.0772	0.0764	0.0757	0.0750	0.0742	0.0734	0.0726	0.0693	0.0601	0.0228	0.0294	0.4867

예제 1.5

직경 0.3cm의 작은 물방울에 15℃일 경우 표면장력 $T_{15} = 0.072\ g/cm$가 작용할 때 물방울 내부와 외부의 압력차는?

해설

$$\Delta p = \frac{4T}{d} = \frac{4 \times 0.072 g/cm}{0.3cm} = 0.96 g/cm^2$$

예제 1.6

15℃의 물방울 지름이 3mm일 때 그 내부와 외부의 압력차는?
(단, 15℃에서의 표면장력은 70 dyne/cm이다.)

해설

$$p = \frac{4T}{d} = \frac{4 \times 70}{0.3} = 933.3\ \mathrm{dyne/cm^2}$$

4. 모세관현상

정지하고 있는 물에 가는 유리관을 세울 때 물은 이 관을 따라서 상승 또는 하강한다. 이러한 현상을 모세관현상(capillary phenomenon)이라 한다. 이 현상은 물의 분자 간에 응집력이 작용하여 수표면에 표면 장력이 작용하며, 또한 물과 고체와의 접촉면에 부착력이 작용하기 때문이다. 즉, 물과 기체사이의 부착력과 물 사이의 응집력, 그리고 모세관 주위의 중력과 표면장력에 의해 물의 표면을 따라 상승 또는 하강하는 현상을 말한다. 응집력이 부착력보다 작으면 관내를 상승하고(물), 응집력이 부착력보다 크면 관내를 하강(수은)한다.

(1) 유리관을 세운 경우

$\omega \times \mathrm{A} \times \mathrm{h} = \pi \times \mathrm{d} \times \mathrm{T} \times \cos\theta$ 에서

$$\therefore \mathrm{h} = \frac{4\mathrm{T}\cos\theta}{\omega \mathrm{d}}$$

여기서,

ω : 단위중량, h : 모세관 상승고(모세관고)

d : 지름, T : 표면장력

θ : 접촉각

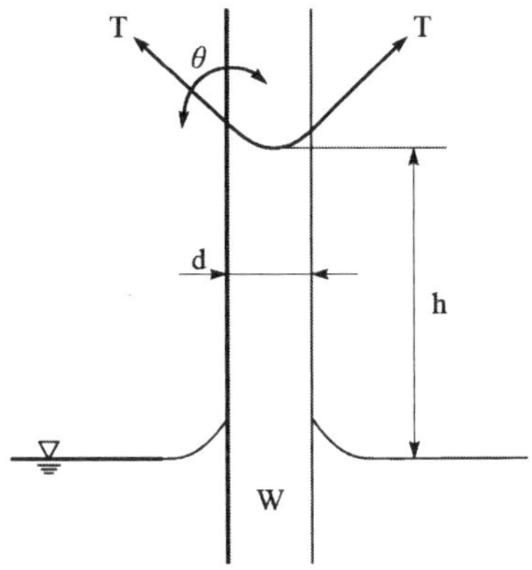

그림 1.4 유리관

(2) 2개의 연직평판을 세운 경우

$\omega \times b \times d \times h = 2b \times T \times \cos\theta$ 에서

$$\therefore h = \frac{2T\cos\theta}{\omega d}$$

여기서, b : 평판의 폭, d : 평판 사이의 간격.

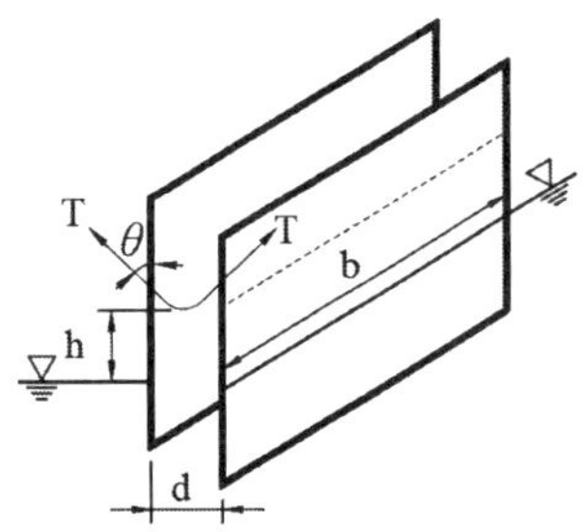

그림 1.5 2개의 연직 평판

예제 1.7

직경 0.1cm인 모세관의 경우에 모관상승 높이는? (단, 물의 표면장력은 74 dyne/cm, 접촉각은 8°)

해설

$$h = \frac{4T\cos\theta}{\omega d} = \frac{4 \times 74 \times \cos 8^\circ}{980\,\text{dyne/cm}^3 \times 0.1\text{cm}} = 2.99\text{cm}$$

1.4. 단위와 차원

TIP

단위와 차원은 물과 관련된 학문의 모든 문제를 푸는 데 있어 기본이 되는 분야이다. 특히 밀도와 점성계수 등 여러 물리량의 LMT계와 LFT계의 상호변환을 잘 이해해 두어야 한다.

물리적인 양의 크기를 표시함에는 일정한 크기를 기준량으로 취하여 그 기준량의 몇 배가 되는 가로 표시하게 된다. 이와 같은 경우의 기준량이 곧, 단위이다. 일반적으로 역학적인 관계를 표시하는 데는 여러 물리량, 예를 들면 질량[M], 길이[L], 시간[T]의 3개의 차원(dimension)을 기본량으로 표시하여 가속도 및 에너지 등을 방정식의 형으로 나타낸다.
즉, 물리량을 나타내는 기준을 단위라 하며 임의의 물리량 중에서 서로 독립된 기본량으로 질량[M], 길이[L], 시간[T] 등을 이용하여 물리량을 표시하는 것을 차원이라 한다.

1. 단위

(1) 절대단위계와 공학단위계

① 절대단위계(absolute unit) : 길이, 시간, 질량을 기본단위로 사용하는 단위계.
② 공학단위계(technical unit) : 길이, 시간, 중량(무게)을 기본단위로 사용하는 단위계.

(2) CGS단위계와 MKS단위계

① CGS단위계 : 미터제로 절대단위계이며 길이, 질량, 시간의 단위로 각각 [cm], [g], [sec]를 사용하는 단위계.
② MKS단위계 : 미터제로 공학단위계이며 길이, 중량, 시간의 단위로 각각 [m], [kg], [sec]를 사용하는 단위계.

(3) 영국 단위계(British unit system)

영국에서 사용되는 단위계로 ft, pound, inch 등을 사용한다.

(4) SI 단위계(Interational System of Unit) ; 국제단위계

① 한국공업규격도 이 단위를 사용

② 미터 단위계에 속하나 중량을 kg, 길이를 m, 시간을 sec로 표시하는 LFT계의 단위 사용
③ 힘의 기본 단위로 Newton(N) 사용.

$$1\text{kg}_f = 1\text{kg} \times 9.8\text{m/sec}^2 = 9.8\text{kg} \cdot \text{m/sec}^2 = 9.8\text{N}$$

$$\therefore 1\text{N} = 1\text{kg} \cdot \text{m/sec}^2 = \frac{1}{9.8}\text{kg}_f$$

2. 차원

LMT계 [길이(length), 질량(mass),시간(time)]와 LFT계 [길이(length), 힘(force), 시간(time)]의 상호 교환을 위하여 Newton의 운동법칙을 활용한다.

$F = m\,a$에서

$$\therefore F = [M][LT^{-2}] = [MLT^{-2}]$$

M에 대하여 정리하면 다음과 같다.

$$\therefore M = [FL^{-1}T^{2}]$$

표 1.6 물 관련 학문에서 주요 물리량의 차원

물 리 량	식	공학단위	[LMT]계	[LFT]계
질 량	m	$kg \cdot s^2/m$	[M]	$[FL^{-1}T^2]$
밀 도	$\rho = m/V$	$kg \cdot s^2/m^4$	$[ML^{-3}]$	$[FL^{-4}T^2]$
힘	$F = ma$	t, kg, g	$[MLT^{-2}]$	[F]
힘의강도	$p = F/l^2$	t/m^2, kg/cm^2	$[ML^{-1}T^{-2}]$	$[FL^{-2}]$
단위중량	$\omega = F/l^3$	t/m^3, kg/m^3	$[ML^{-2}T^{-2}]$	$[FL^{-3}]$
점성계수	$\mu = \tau(dy/dV)$	$g \cdot sec/cm^2$	$[ML^{-1}T^{-1}]$	$[FL^{-2}T]$
동점성 계수	$\nu = \mu/\rho$	cm^2/sec	$[L^2T^{-1}]$	$[L^2T^{-1}]$
운동량	$M = mV$	$kg \cdot sec$	$[MLT^{-1}]$	[FT]
표면장력	$T = F/l$	g/cm	$[MT^{-2}]$	$[FL^{-1}]$
에너지(일)	$E = F \cdot l$	$kg \cdot m$	$[ML^2T^{-2}]$	[FL]
투수계수		m/sec	$[LT^{-1}]$	$[LT^{-1}]$
동 력	$E_p = dE/dt$	$kg \cdot m/sec$	$[ML^2T^{-3}]$	$[FLT^{-1}]$
탄성계수	$E = F/l^2$	kg/cm^2	$[ML^{-1}T^{-2}]$	$[FL^{-2}]$
유 량		m^3/sec	$[L^3T^{-1}]$	$[L^3T^{-1}]$

예제 1.8

밀도의 차원을 공학단위 [LFT]계에서 옳게 표시한 것은?

해설

밀도의 차원은 단위체적당 질량이므로

$\rho = kg/m^3 = [M/L^3] = [FL^{-1}T^2/L^3] = [FL^{-4}T^2]$

핵심용어 및 내용

1. 밀도 $\rho = \frac{m}{V} = \frac{\omega}{g}$: 단위 체적당 질량

2. 단위중량 $\omega = \frac{W}{V} = \frac{mg}{V} = \rho g$: 단위 체적당 중량

   ※ 물의 단위중량 : $9.8\text{kN/m}^3 = 9{,}800\text{N/m}^3 = 980\text{dyne/cm}^2$

3. 비중(specific gravity, G) : 물의 무게와 이와 동일한 체적의 물체의 무게와의 비.

   $$G = \frac{W_s}{W_w} = \frac{\omega_s}{\omega_w} = \frac{\rho_s}{\rho_w}$$

4. 유체의 분류

   ▶ 이상유체(완전유체) : 비압축성, 비점성의 유체

   ▶ 실제유체 : 압축성, 점성의 유체

5. 체적탄성계수(E, bulk modulus of elasticity)

   : 체적의 변화율에 대한 압력의 변화량.(평균압축율의 역수)

   $$E = \frac{\Delta p}{\Delta V/V} = \frac{1}{C}(\text{kg/cm}^2)$$

6. 전단응력 또는 마찰응력 $\tau = \mu\frac{dV}{dy}$

7. 점성계수(μ)와 동점성계수(ν)

   동점성계수 $\nu = \frac{\mu}{\rho}$

8. 표면장력 : 물표면의 분자끼리 잡아당기는 응집력(g/cm, dyne/cm)

9. 모세관 상승고

   ▶ 유리관을 세운 경우 $h = \frac{4T\cos\theta}{\omega d}$

▶ 연직평판을 세운 경우 $h = \dfrac{2T\cos\theta}{\omega d}$

10. 물방울 내외부의 압력차 $p = \dfrac{4T}{d}$

11. 차원 $F = [MLT^{-2}]$, $M = [FL^{-1}T^{2}]$

물리량	LMT계	LFT계
힘	$[MLT^{-2}]$	$[F]$
질량	$[M]$	$[FL^{-1}T^{2}]$
밀도	$[ML^{-3}]$	$[FL^{-4}T^{2}]$
점성계수	$[ML^{-1}T^{-1}]$	$[FL^{-2}T]$

되집어보기

1. 어떤 액체의 밀도가 $1.02 \times 10^{-3} \mathrm{g \cdot sec^2/cm^4}$이라면 이 액체의 단위중량은?

해설

$$\omega = \rho \cdot g = (1.02 \times 10^{-3}) \times 980 \mathrm{cm/s^2} = 1 \mathrm{g/cm^3}$$

2. 20℃의 물을 처음 용적에서 1% 축소시키려고 할 때 필요한 압력은?
(단, 압축률 C = 5×10-5cm²/kg이다.)

해설

$$\text{압축률 } C = \frac{\frac{\Delta V}{V}}{\Delta p} \text{ 에서 } 5 \times 10^{-5} = \frac{0.01}{\Delta p}$$

$$\therefore \Delta p = 200 \mathrm{kg/cm^2}$$

3. 어떤 액체의 동점성 계수가 0.0019m2/s 이고, 비중이 1.2일 때 이 액체의 점성계수는?

해설

$$\text{점성계수 } \mu = \rho\nu = \frac{\omega}{g}\nu = \frac{1200 kg/m^3}{9.8 \mathrm{m/sec^2}} \times 0.0019 m^2/\mathrm{sec}$$

$$= 0.233 \mathrm{kg\ sec/m^2}$$

4. 내경 2mm인 가는 유리관을 정수중에 세웠을 때 모세관 현상으로 물이 관내를 올라간 높이는 얼마인가? (단, 물과 유리의 접촉각 θ = 5°, 수온 t = 5℃일 때 표면장력 T = 0.0764g/cm,)

해설

$$\therefore h = \frac{4\,T\cos\theta}{w_o\,d} = \frac{4 \times 0.0764 \times 0.9962}{1 \times 0.2} = 1.52 cm$$

5. 수온 15℃에서 직경 0.5mm의 물방울이 있다. 물방울 내부의 압력이 대기압보다 6g/cm²만큼 크다면 이 경우의 표면장력의 크기는 얼마인가?

해설

$$p = \frac{4T}{d} \text{ 에서 } 6 \mathrm{g/cm^2} = \frac{4T}{0.05 \mathrm{cm}}$$

$$\therefore T = 0.075 \mathrm{g/cm}$$

6. 단위중량(비중량)의 절대단위계 차원은 어느 것인가?

해설

단위중량(비중량)의 차원은 단위체적당 중량이므로

$\omega = kg/m^3 = F/L^3 = MLT^{-2}/L^3 = ML^{-2}T^{-2}$

CHAPTER

02 정수역학

2.1 정수압의 원리

2.2 압력의 측정

2.3 수중에 작용하는 전수압

2.4 부력과 부체의 안정

2.5 상대정지

CHAPTER 02

정수역학

2.1 정수압의 원리

TIP

정수압이 작용하는 4가지 원리를 이해하고 절대압력과 계기압력의 차이를 반드시 숙지하도록 한다.

정수압(hydrostatic pressure)이란 정지상태의 유체속에 작용하는 압력을 말한다. 지금 정지하고 있는 유체속에 한면을 가상할 때 그 면의 양측에 상대 운동이 존재하지 않으면 점성력이 작용하지 못하며 정수중에는 마찰력 또는 전단력이 작용하지 않는다. 또한, 물은 표면장력 이외에는 인장력을 받고 정지할 수 없으므로 정지된 수중에는 압력만이 작용한다. 정수압의 원리는 다음과 같다.

1. 정수압의 원리

정수압이란 물의 중량에 의해서 생기는 수면 하에서 받는 압력을 말하며 다음과 같은 원리로 표현된다.

(1) 정수 중에는 마찰력(전단력)이 작용하지 않으므로 항상 면에 수직으로 작용한다.

(2) 유체의 점성은 정수압에 영향을 주지 못한다.($\frac{dV}{dy}=0$ 이므로 $\tau=0$)

(3) 정수압의 강도는 수심에 비례하여 커지며, 식은 다음과 같다.

$$p=\omega\cdot h=\frac{P}{A}$$

여기서, p : 정수압(N/m^2, kN/m^2 또는 kg/m^2, ton/m^2), P : 전수압(N, kN),
A : 단면적, h : 수심(=압력수두)

(4) 정수 중 한 점에 작용하는 정수압은 모든 방향에 대해 동일한 크기를 갖는다.

예제 2.1

그림에서 A 점에 작용하는 정수압 P_1, P_2, P_3, P_4의 크기를 비교하시오.

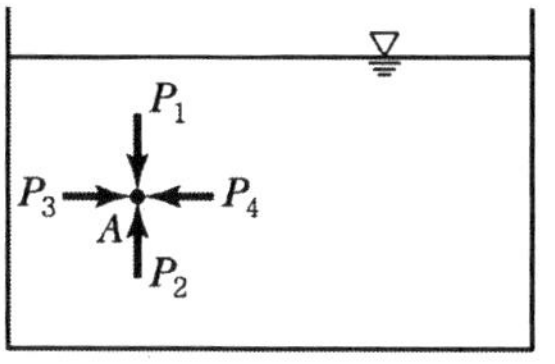

해설

정수 중 한 점에 작용하는 정수압은 모든 방향에 대해 동일한 크기(강도)를 갖는다.
그러므로 P_1, P_2, P_3, P_4의 크기는 같다.

2. 절대압력과 계기압력

절대압력이란 수면에 작용하는 대기압을 고려한 압력으로 대기압과 계기압력을 더한 압력으로 다음과 같이 표현한다.

$$p_{ab} = p_{at}(\text{대기압}) + \omega h(\text{계기압력}) \text{ 또는}$$
$$p_{ab} = p_{at}(\text{대기압}) - p_v(\text{진공압력})$$

계기압력은 대기압을 압력의 기준으로 하여 대기압을 무시한 압력 즉, $p_{at} = 0$이며 다음과 같은 식으로 표현된다. 정수압의 원리에서와 같이 수압이라고 하는 것은 계기압력이라고 생각하면 된다.

$$p = \omega h$$

3. 대기압

대기압이란 지구를 둘러싸고 있는 공기의 무게에 의하여 지구표면이 받는 압력으로 이론상 1기압이란 위도 45o의 해면에서 단위면적(1cm²)을 가진 온도 0℃, 높이 760mm의 수은기둥 ($\omega_m = 13.5951 g/cm^3$)의 무게와 같다. 표준대기압은 다음과 같다.

$$1atm = 760mmHg = 13.5951 \times 9.8kN/m^3 \times 0.76m$$
$$= \mathbf{101.3kN/m^2 = 101.3kPa}$$

또는, $1atm = 1{,}033g/cm^2 \times 980cm/s^2$
$$= 1{,}013 \times 10^3 dyne/cm^2 (\because\ 1g_f = 980dyne)$$
$$= 1{,}013milibar = 1.013bar$$
$$(\because 1mb = 10^3 dyne/cm^2,\ \because\ 1bar = 1dyne/cm^2)$$

압력의 단위는 여러 가지로 표현되므로 이에 대하여 정리하면 다음과 같다.

$$1kg/cm^2 = 10^{-3}ton/(10^{-2}m)^2 = 10ton/m^2 = 10 \times 9.8kN/m^2 = 98kN/m^2 = 98kPa$$

예제 2.2

비중 0.8인 기름이 용기에 들어 있을 때 이 기름 용기 속 자유표면으로부터 5m 깊이에 있는 지점의 계기압력은?

해설

계기압력 $p = \omega h = 0.8\ (ton/m^3) \times 5\ m = 4\ ton/m^2$

예제 2.3

수면하 5m의 수압의 강도를 구하라.

해설

(a) 담수의 경우

$\omega = 1{,}000 kg/m^3 \quad H = 5m$

$\therefore p = \omega H = 1{,}000 \times 5 = 5{,}000 \ kg/m^2 = 5 \ t/m^2$

(b) 해수의 경우

$\omega = 1{,}025 kg/m^3 \quad H = 5m$

$\therefore p = \omega H = 1{,}025 \times 5 = 5{,}125 kg/m^2 = 5.125 \ t/m^2$

2.2 압력의 측정

TIP

유체 내에서 압력이 전달되는 과정과 압력을 측정하는 방법에 대해서 배우고, 파스칼의 원리와 액주계는 정수역학의 기본이므로 숙지하도록 한다.

1. Pascal의 원리

밀폐된 용기 내 정수중의 한 점에 압력을 가하면 그 압력은 물속의 모든 곳에 동일하게 전달된다는 이론으로 다음의 식으로 표현된다.

$$p_A = \frac{P_A}{a}, \quad p_B = p_A + \omega h$$

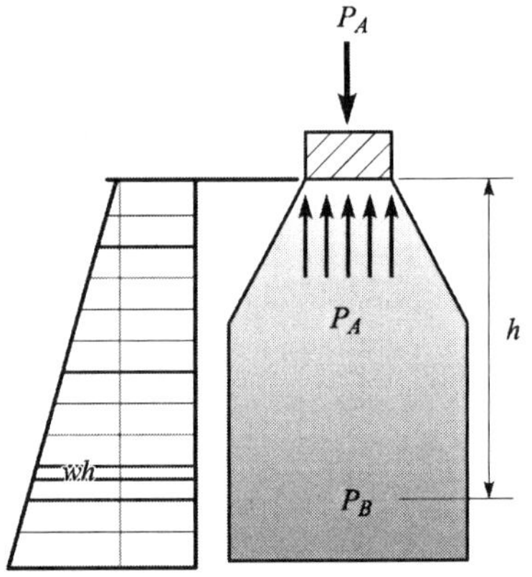

그림 2.1 파스칼의 원리

(1) 수압기

Pascal의 원리를 응용하여 압력을 측정하는 기구로 작은 힘으로 큰 힘을 만들 수 있는 장치로 다음의 식으로 표현된다.

$$p_1 = \frac{P_1}{A_1} + \omega h = \frac{P_2}{A_2} = p_2$$

여기서, ωh 는 미소하므로 무시하면

$$\frac{P_1}{A_1} = \frac{P_2}{A_2}$$

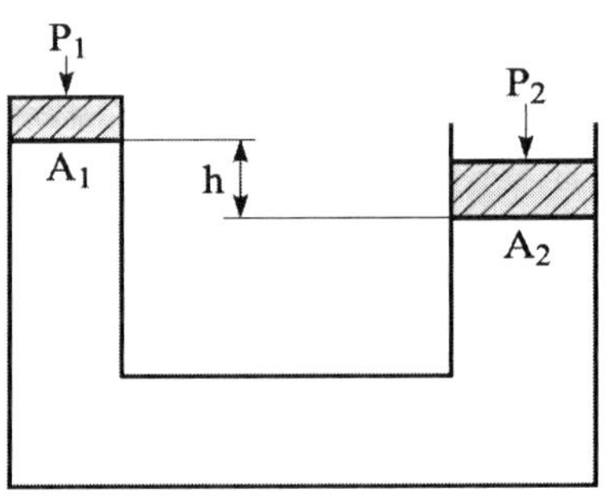

그림 2.2 수압기의 원리

예제 2.4

그림에서 19.6kN의 자동차를 들어올리는 데 필요한 힘을 계산한 값은? (단, 피스톤의 단면적은 각각 400cm², 10cm²이고 피스톤의 마찰력은 무시된다.)

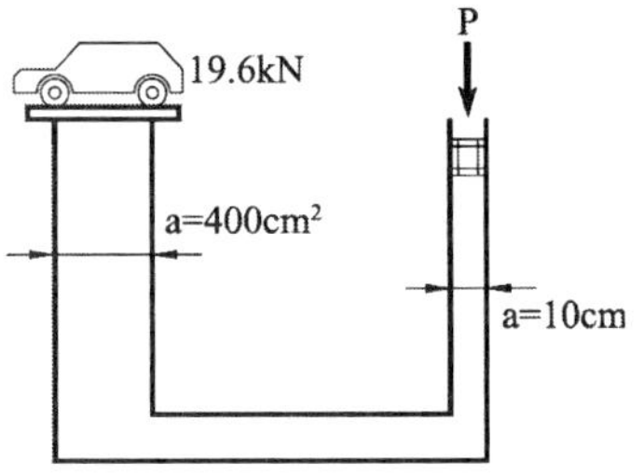

해설

$\dfrac{P_1}{A_1} = \dfrac{P_2}{A_2}$ 에서 $\dfrac{19.6}{400} = \dfrac{P_2}{10}$ $\therefore P_2 = 0.49\,\text{kN}$

2. 액주계(manometer): 압력 측정기구

밀폐한 용기속의 압력 또는 관속의 압력을 측정할 때는 액주계(manometer)를 사용하는데 압력계 중에서 가장 간단한 것이다. 액주계는 보통 똑바른 유리관으로 되어있다. 관 또는 용기에 이것을 연결하면 유리관 또는 구부러진 유리관으로 물이 상승하는데, 측정하려는 압력을 상승높이 h로 표시하게 되어있다. 그림 2.3에서 (a)인 액주계의 경우 압력을 P, 압력의 상승높이를 h , 액체의 단위중량을 ω라 하면 압력은 다음과 같다.

$$P = w\,h$$

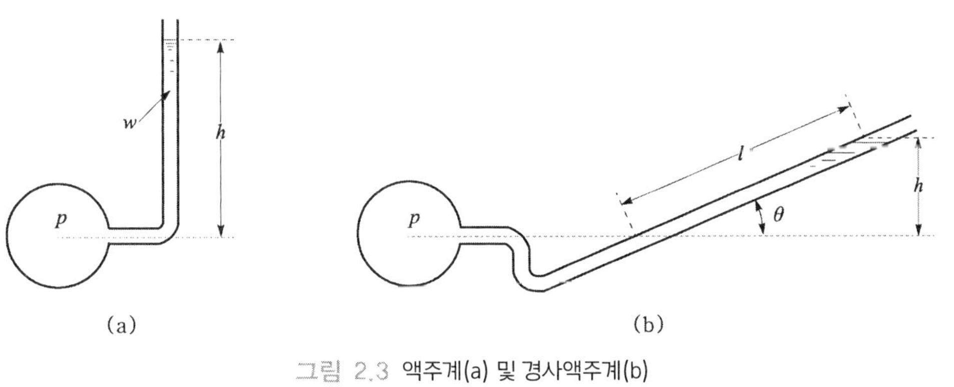

그림 2.3 액주계(a) 및 경사액주계(b)

(b)는 θ각도를 가진 경사액주계로 특히 압력의 변화가 작을 때 또는 압력측정의 정도를 높일 필요가 있을 때는 그림 2. 3의 (b)와 같은 경사액주계를 사용하며, 압력 P는 다음과 같다.

$$P = w\,l\sin\theta$$

(1) U자형 액주계

관속의 압력이 클 때 사용하며 비중이 큰 수은을 사용한다.
X-X 면이 등압면이므로, $p_A + \omega_1 h_1 = \omega_2 h_2$에서

$$p_A = \omega_2 h_2 - \omega_1 h_1$$

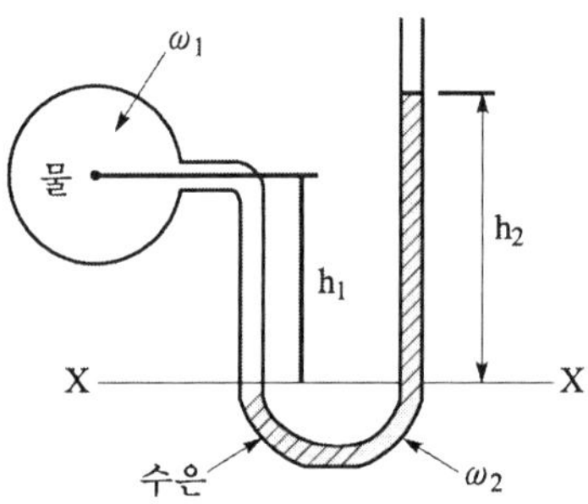

그림 2.4 U자형 액주계

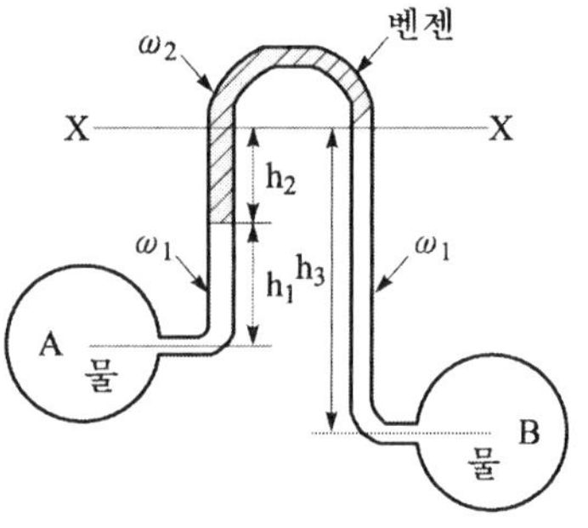

그림 2.5 역 U자형 액주계

(2) 역 U자형 액주계

압력차가 비교적 작을 때 사용하며 비중이 물보다 작은 벤젠을 사용한다.
X-X 면이 등압면이므로,

$$p_A - \omega_1 h_1 - \omega_2 h_2 = p_B - \omega_1 h_3 \text{에서}$$
$$p_A - p_B = \omega_2 h_2 + \omega_1 (h_1 - h_3)$$

(3) 시차액주계(차동수압계 : Differential manometer)

두관 또는 두 용기속의 압력차를 측정할 때 사용하는데, X−X 면이 등압면이므로,

$$p_A - \omega_1 h_1 = p_B - \omega_1 h_2 - \omega_1 h + \omega_2 h \text{ 에서}$$
$$p_A - p_B = \omega_2 h + \omega_1 (h_1 - h_2 - h)$$

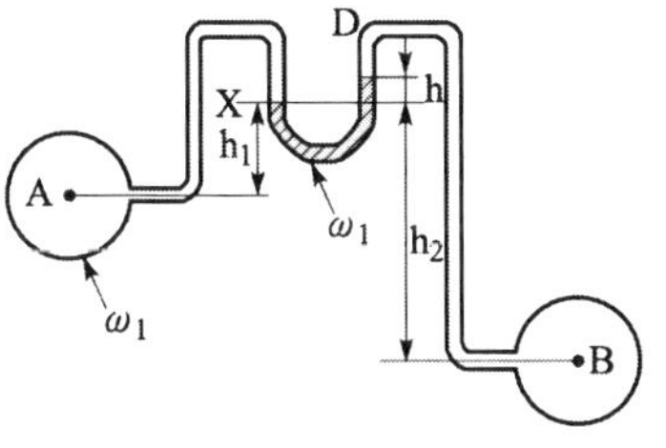

그림 2.6 시차 액주계

예제 2.5

그림과 같은 액주계에서 수은면의 차이가 0.1m 이었다면 두관에서 흐르는 물 A, B점의 수압차이는 얼마인가? (단, 수은의 비중=13.6)

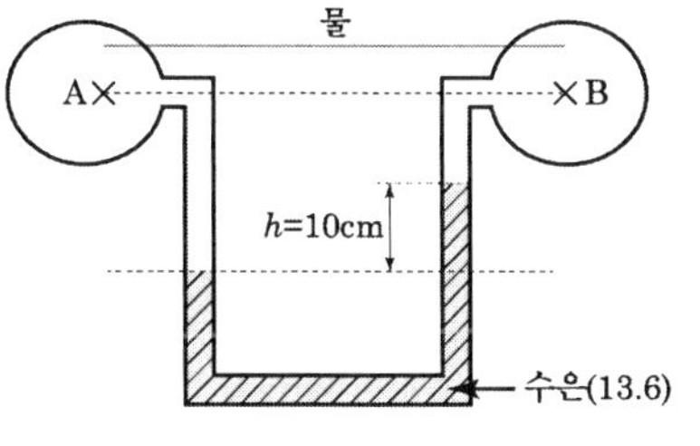

해설

$$p_A + 9.8\,\text{kN/m}^3 \times 0.1\,\text{m} = p_B + 13.6 \times 9.8\,\text{kN/m}^3 \times 0.1\,\text{m}$$
$$\therefore p_B - p_A = 12.35\,\text{kPa}$$

2.3 수중에 작용하는 전수압

TIP

본 내용은 2장 정수역학에서 가장 중요한 절이므로 다양한 유형의 문제를 접하고 풀어보아 익히도록 한다.

정수 중에 있는 평면에 작용하는 정수압은 면에 수직으로 작용하고 그 크기는 수심에 비례하므로 압력분포도는 그림 2.7과 같은 다각형이 된다.

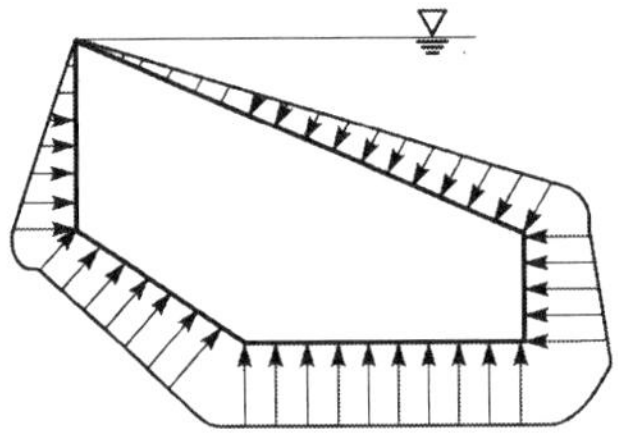

그림 2.7 정수압의 분포도

전수압은 총 압력이므로 정수압×단면적(= p·A)을 의미하고 단위는 힘의 단위인 N, kN 또는 g, kg, ton 등으로 나타내게 된다. 정수압은 압력이므로 정수 중의 물의 압력강도(= ω·h)를 의미하고 단위는 N/m^2, kN/m^2 또는 g/cm^2, kg/m^2, ton/m^2 등으로 나타내게 된다.

1. 수면에 수평한 평면에 작용하는 전수압

수면에 수평한 평면에 작용하는 전수압은 그림 2.8과 같은 상태이다. 그림 2.8과 같은 수면에서 임의의 깊이가 되는 곳에 면적 A 의 평면의 면적이 물속에서 수평으로 놓여 있을 때 단위면적에 작용하는 수압은 wH이다.

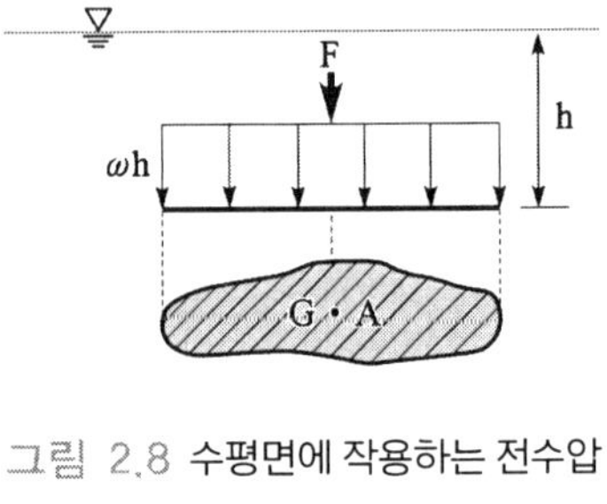

그림 2.8 수평면에 작용하는 전수압

이는 정수압×평면의 단면적으로 다음의 식과 같이 나타내며 작용점은 평면의 도심이다. 즉, 평면상의 모든 면의 수심은 H 이고 평면의 면적을 A 라고 하면 평면에 작용하는 전수압 P 는 다음 식으로 표시된다.

$$P = pA = \omega h A$$

여기서, P는 전수압, p는 정수압, A는 평면의 단면적, ω는 물의 단위중량, h는 수면으로부터 평면까지의 연직거리(수심)

예제 2.6

지름 20cm, 높이 30cm의 원통 그릇에 물을 가득 채워 세웠을 때 그릇의 저변(밑바닥)에 작용하는 전수압은?

해설

$$P = \omega h A = 9{,}800\mathrm{N/m^3} \times 0.3\,\mathrm{m} \times \frac{\pi \times 0.2^2}{4}\mathrm{m}^2 = 92.36\mathrm{N}$$

2. 연직평면에 작용하는 전수압

수면에 연직으로 위치한 평면에 작용하는 전수압은 그림 2.9와 같은 상태인데, 상변이 수면과 일치할 때 그림에서와 같이 수압의 분포도를 그리면 삼각형으로 되어 전수압은 이 삼각형의 면적으로 표시된다. 전수압의 작용 위치는 삼각형의 도심이며 수면으로 부터 $\frac{2}{3}H$ 아랫니다. 상변이 수면이하에 있을 때 수압은 그림과 같이 사다리꼴의 면적으로 된다.

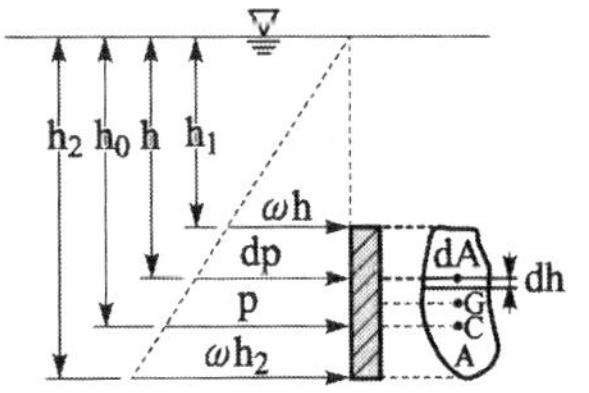

그림 2.9 연직평면에 작용하는 전수압

전체면적 A에 작용하는 전수압은 다음과 같다.

$$P = pA = \omega h_G A$$

한편, 임의의 도형의 도심점의 좌표를 $G(y_G, H_G)$라 하고, 전수압의 수압중심을 $C(y_c, H_c)$라 하면 미소 면적의 O_y 축에 대한 수압모멘트는 다음과 같다.

$$m = w_o b_z d_z \times z = w_o b^2_{d_z z}$$

O_y 축에 대한 전수압 모멘트는 다음과 같다.

$$M = P \cdot h_c = \int_{H_1}^{H_2} w_o b_z z^2 d_z$$

여기에서 b_z , d_z 는 미소면적이고 여기에z^2 을 곱하면 O_y 축의 단면 2차모멘트(moment of inertia) I와 같다. I는 면적 A 의 도심 G를 통하는 단면 2차모멘트 I_G 에 h_G 만큼 떨어진 면적 모멘트 $A \cdot h^2_G$을 합한 것과 같다. 그러므로 상기의 식은

$$I = I_G + A h^2_G$$

$$P \cdot h_c = wI = w(I_G + A h^2_G)$$

그러므로 전수압이 작용하는 작용점까지의 거리(hc, 수면으로부터 연직거리, 수심)은 다음과 같다.

$$h_C = h_G + \frac{I_G}{h_G A}$$

여기서, 도심(h_G)은 수면으로부터 압력을 받고 있는 평면의 중심까지의 거리, IG는 평면의 단면 2차 모멘트, A는 평면의 딘면적이며 작용점(h_C)은 도심(h_G) 보다 항상 $\frac{I_G}{h_g A}$만큼 아래에 위치하게 된다.

예제 2.7

수심 3m, 폭 2m인 직사각형 수로를 연직으로 가로막았을 때, 이 평판에 작용하는 전수압과 수압의 작용점의 위치는?

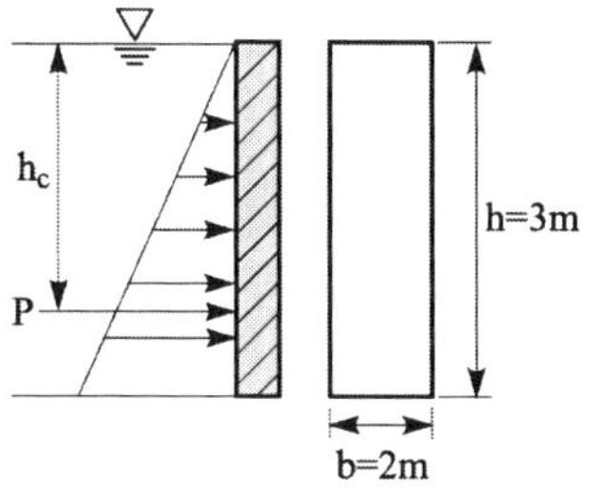

해설

$$P = 1 \times \frac{3}{2} \times (2 \times 3) = 9\,\text{ton ton}$$

$$h_C = h_G + \frac{I_G}{h_G \times A} = \frac{3}{2} + \frac{2 \times 3^3 / 12}{3/2 \times (2 \times 3)} = 2\text{m}$$

또는 $h_C = \frac{2}{3}h = \frac{2}{3} \times 3 = 2\text{m}$

3. 경사진 평면에 작용하는 전수압

수면과 각도 θ의 경사를 가진 평면에 작용하는 압력과 작용점까지의 거리의 경우 그림 2.10과 같이 경사평면의 직선으로 각 값을 구한 후 이를 연직평면과 같이 변경하여 산정하는데, 경사진 평면에 작용하는 전수압은 다음과 같은 식으로부터 산정된다.

$$P = pA = \omega\, S_G \sin\theta\, A = \omega\, h_G\, A$$

경사진 평면의 경우 전수압의 작용점(h_C)까지 거리는 다음과 같다.

$$h_C = S_C \cdot \sin\theta$$

여기서, $\left(S_C = S_G + \frac{I_y}{S_G A}\right)$ 이고 I_y : y축에 관한 평면의 단면 2차 모멘트이다.

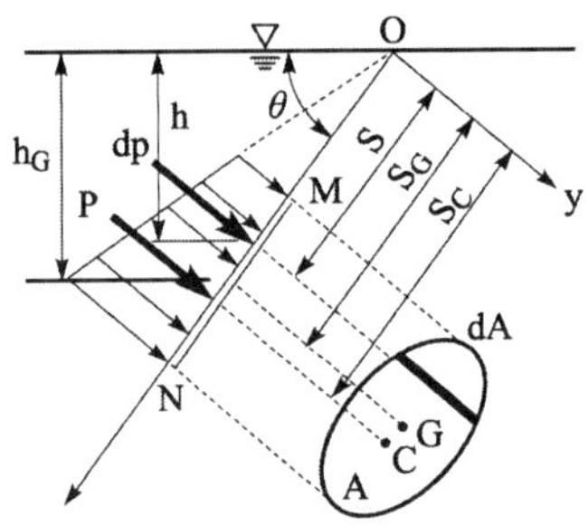

그림 2.10 경사평면에 작용하는 전수압

표 2.1 대표적인 단면의 성질

도형	면적	하단에서 도심(G)까지의 높이	단면2차모멘트I_G
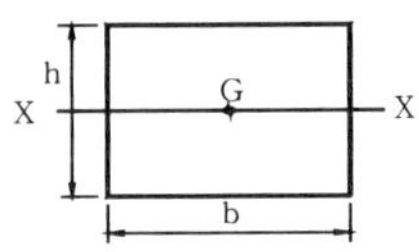	bh	$\frac{h}{2}$	$\frac{bh^3}{12}$
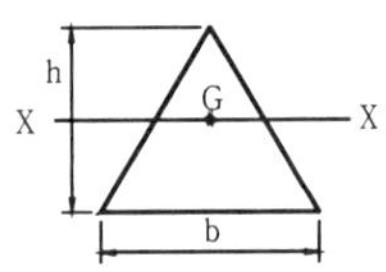	$\frac{bh}{2}$	$\frac{h}{3}$	$\frac{bh^3}{36}$
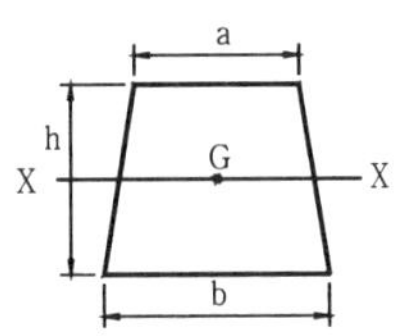	$\frac{h}{2}(a+b)$	$\frac{h}{3}\frac{(2a+b)}{(a+b)}$	$\frac{h}{36}\frac{a^2+4ab+b^2}{b}$
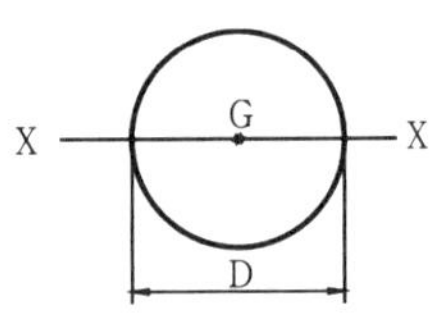	$\frac{\pi D^2}{4}$	$\frac{D}{2}$	$\frac{\pi D^4}{64}$
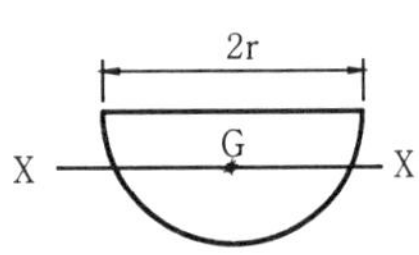	$\frac{\pi r^2}{2}$	$0.5756r$ 상단부터 :$0.4244r$ $(=\frac{4r}{3\pi})$	$0.1098r$

예제 2.8

폭 2m, 수심 4m의 수로를 그림과 같이 60°의 경사 구형판으로 막았을 때 판에 작용하는 전수압 (P)과 작용점(hC)을 구하시오.

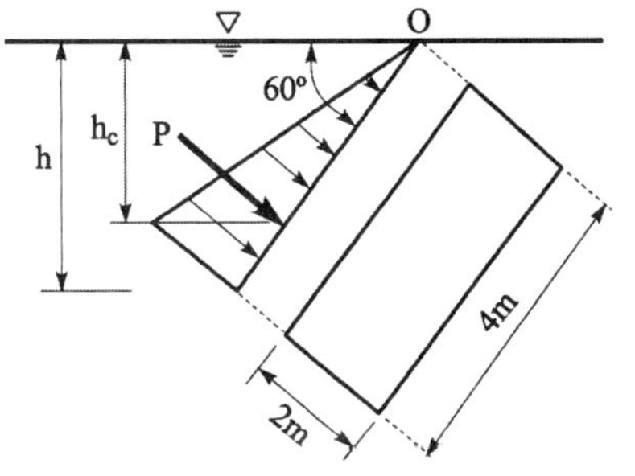

해설

$$P = 1\times\left(\frac{4}{2}\sin 60^{\circ}\right)\times(2\times 4) = 13.86ton\ \text{ton}$$

$$S_C = S_G + \frac{I_G}{S_G\cdot A} = 2 + \frac{2\times 4^3/12}{2\times(2\times 4)} = 2.67\,\text{m}$$

또는 $Sc = \frac{2}{3}\times 4 = 2.67\ \text{m}$

$\therefore\ h_C = S_C\cdot\sin\theta = 2.67\times\sin 60^{\circ} = 2.31\text{m}$

4. 곡면에 작용하는 전수압

일반적으로 곡면에 작용하는 수압을 구하는 방법은 다음 법칙에 의하여 결정된다.

1) 곡면에 작용하는 전수압의 연직분력은 그 곡면이 바닥이 되는 수면까지의 연직수주의 무게와 같고, 그 작용선은 수주의 중심을 통하는 연직선이다. 그림 2.11에서 연직 수압(분력) $P_V(=\omega\cdot V)$은 곡면(CDE)을 밑면으로 하는 수면까지의 물기둥무게이다.

2) 곡면에 작용하는 수평분력은 곡면을 연직면에 투영한 면에 작용하는 수압과 같고, 그 작용선도 이 경우와 같다. 그림 2.11에서 수평 수압(분력)$P_H(=\omega h_G A)$는 연직면에 투영한 EF에 작용하는 전수압이다.

3) 투영면이 중복되는 부분은 빼준다. 즉, 그림 2.12에서 곡면BC를 밑면으로 하는 연직물기둥인 BCEH와 곡면 AB를 밑면으로 하는 연직물기둥인 ABHF 2개의 물기둥이 발생하는데, 이중에서 연직물기둥 ABHF(빗금친 부분)가 중복되므로 이부분의 체적은 연직분력을 구할 때 빼준다. 체적은 면적을 구한 후 길이를 곱하여 구하며, 면적은 여러 도형이 합쳐진 것으로 이들을 산정하기 쉬운 직사각형, 삼각형, 원 등으로 나누어 구한다. 이후 전수압은 다음의 식으로 합성한다.

$$전수압\ P = \sqrt{P_H^2 + P_V^2}$$

작용점은 바리뇽(Varignon)의 정리를 이용하여 구하는데, 상기의 전수압은 원의 중심점을 항상 지나므로 이러한 특성을 활용하여 구한다.

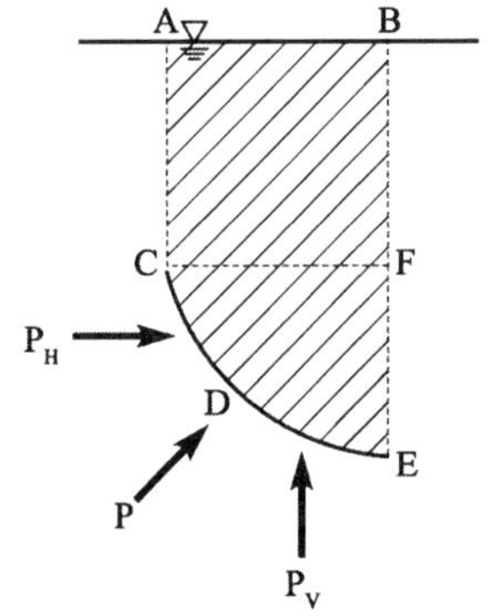

그림 2.11 곡면에 작용하는 수압

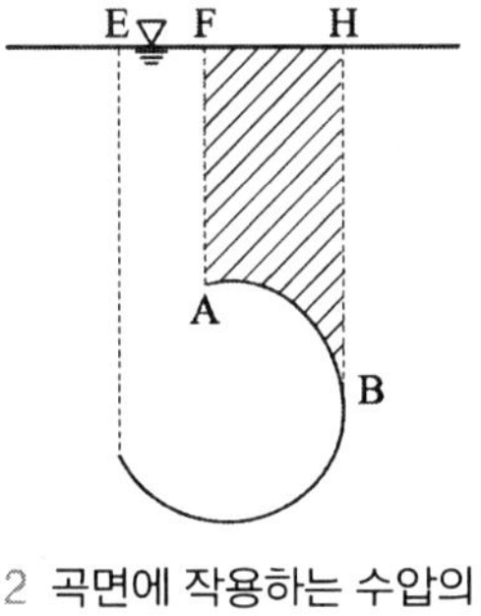

그림 2.12 곡면에 작용하는 수압의 연직분력

예제 2.9

그림과 같은 테인터 게이트(tainter gate)에 작용하는 수평수압은? (단, 폭은 1.2m이다.)

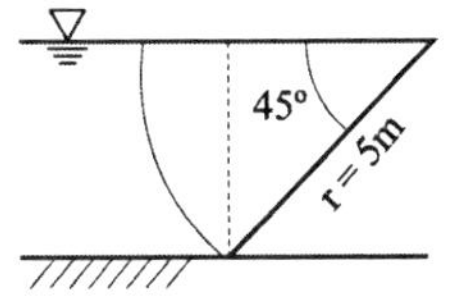

해설

$$P_H = \omega h_G A = 9.8\text{kN/m}^3 \times \frac{5\,\text{m} \times \sin 45^o}{2} \times (1.2 \times 5\sin 45^o)\text{m}^2 = 73.5\text{kN}$$

예제 2.10

그림과 같이 댐 여수로상에 설치된 회전식 수문의 꼭짓점까지 물이 가득차 있다. 수문에 작용하는 정수압의 수평분력과 연직분력을 각각 구하면 얼마인가? (단, 수문의 직경과 길이는 각각 2m임)

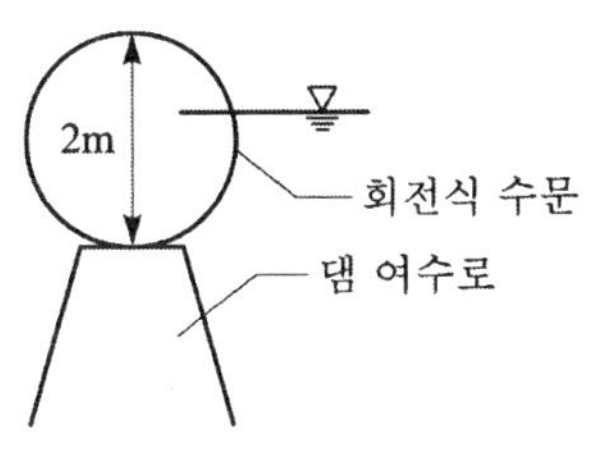

해설

수평분력 $P_H = \omega h_G A = 9.8 \times \frac{2}{2} \times (2 \times 2) = 39.2\text{kN}$

연직분력 $P_V = \omega V = 9.8 \times \left(\frac{1}{2} \times \frac{\pi \times 2^2}{4}\right) \times 2 = 30.79\text{kN}$

예제 2.11

그림과 같은 원통면의 외측에 작용하는 수압의 연직분력을 구하는 식은? (단, Wo : 물의 비중량, l : 원통 길이)

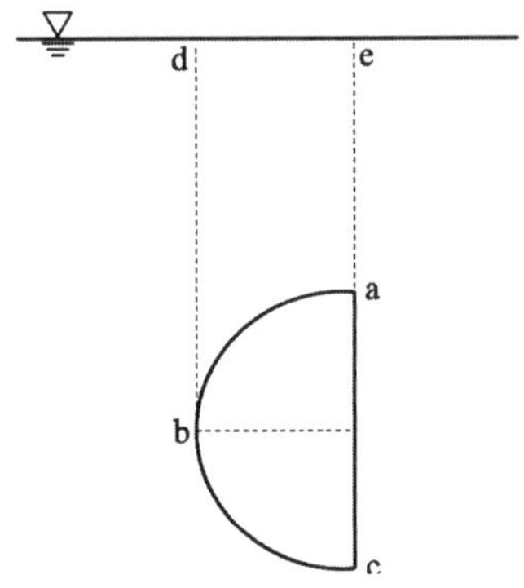

해설

연직분력 $P_V = \omega \cdot V = W_0 \times l$ ×(bced면적 - deab면적)

5. 원관에 작용하는 수압(주장력 공식, Hoop tension formula)

원관속에서 수압이 작용하면 관벽에는 인장응력이 생기고 관 외부에서 작용할 때는 압축응력이 생긴다. 원관속에 작용하는 전수압은 곡면에 작용하는 경우와 같이 하여 구할 수 있고 원관은 모든 방향에 대하여 같은 조건이므로 그 반만을 생각하기로 한다. 관내의 수압강도를 p, 전수압의 수평분력을 P, 직경을 D, 관의 길이를 l이라 하고, 관의 단면의 인장력을 T라 할 때 수평으로 x축을 취하면 전수압의 x방향의 분력은 pDl이다. 그리고 관 단면은 두 곳이므로 인장력 T와의 관계는 다음과 같다.

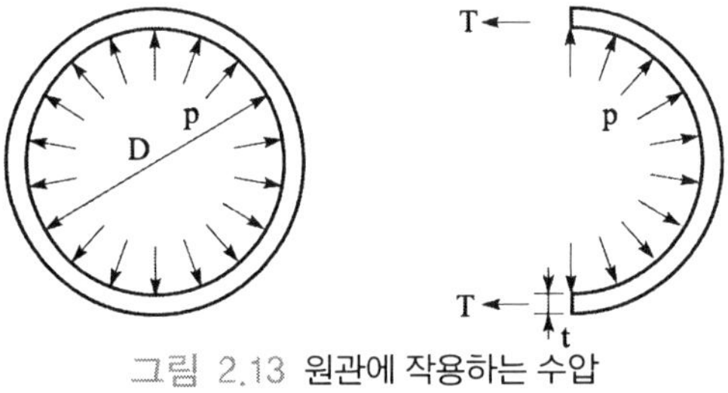

그림 2.13 원관에 작용하는 수압

$$2T = P = pDl$$

관의 인장응력을 σ, 관의 두께를 t 라 하면 관의 길이는 l 이므로

$$T = \sigma t l$$
$$2\sigma t l = pDl$$
$$t = \frac{pD}{2\sigma}$$

관의 설계에 있어서는 σ대신 허용인장응력σ_{ta}를 사용하여 다음과 같은 식으로 사용된다.

$$t \geq \frac{pD}{2\sigma t_a}$$
$$\sigma_{ta} = \frac{pD}{2t} = \frac{pr}{t}$$

여기서, p : 수압, σ_{ta} : 허용 인장응력이고, 강관의 두께는 다음의 식으로 결정한다.

$$t = \frac{pD}{2\sigma_{ta}} = \frac{pr}{\sigma_{ta}}$$

예제 2.12

안지름 50cm의 강관에 최고 p = 15MPa의 수압이 작용한다고 할 때 적당한 강관의 두께는? (단, 강관의 허용인장응력 σ_{ta}= 140MPa이다.)

해설

$$t = \frac{pD}{2\sigma_{ta}} = \frac{1.5\text{MPa} \times 500\text{mm}}{2 \times 140\text{MPa}} = 2.7\text{mm} \, (\because 1\text{MPa} = 1\text{N/mm}^2)$$

2.4 부력과 부체의 안정

TIP

부력과 부체의 안정에서는 가라앉은 물체의 비중, 물위에 떠있는 부체의 무게와 흘수를 구하기와 부체의 안정에 대한 사항이 주요 학습대상이다.

1. 부력 (buoyancy)

부력이란 물체표면에 작용하는 전수압으로 물체위의 하향의 전수압과 물체아래의 상향의 전수압의 차를 말하며 수중부분의 물체 체적만큼의 물의 무게 즉, 고체의 수중부분 부피와 같은 부피의 물무게와 같다. 그러므로, 부력은 부체가 배제할 물의 무게와 같은 부력을 받는다. 부력에 관한 용어를 정리하면 표 2.2와 같다.

$$B = \omega \overline{V}$$

여기서, ω= 물의 단위중량, $\overline{V}$ = 수중부분의 물체 체적(부피)

표 2.2 부력에 관련된 용어정리

구분	기호	해설
부양면 (浮揚面, plan of floatation)		부체의 일부가 수면위에 떠 있을 때 수면에 의해 절단되었다고 생각되는 가상의 단면.
흘수 (吃水, draft draught)	d	부양면에서 물체의 최심부까지의 수심.
경심 (傾心, metacenter)	M	부체의 중심선과 부력의 작용선과의 교점.
부심 (浮心, floating body)	C	수중에 잠긴 체적의 무게중심을 통과하는 부분(배수용적)의 중심으로 부력의 작용점이라 한다.
Archimedes의 원리		수중에서의 물체의 중량은 수중에서의 물체가 배제한 물의 무게, 즉, 부력만큼 가벼워진다. $W = B + W'$ 여기서, W' : 수중에서의 물체중량. W : 공기중에서의 물체중량.

아르키메데스의 원리로부터 물체에 대한 부력은 다음과 같이 정리된다.

$W = B$: 물체는 수중에 떠 있다.($W = \omega_S \cdot V$)

$W > B$: 물체가 가라앉는다.($W = B + W'$)

$W < B$: 물체가 떠오른다.

예제 2.13

20m×10m의 구형선박의 중앙에 물체를 실었더니 5cm 만큼 가라앉았다. 물체의 무게는? (단, 해수의 비중은 1.025임)

해설

$W = B$에서 $W = 1.025 \times 9.8\,\text{kN/m}^3 \times (20 \times 10 \times 0.05)\,\text{m}^3 = 100.5\,\text{kN}$

예제 2.14

그림과 같은 물체의 무게가 9,000kg일 때 이 물체가 물에서 움직이는데 필요한 최소수심은? (단, 물의 비중=1)

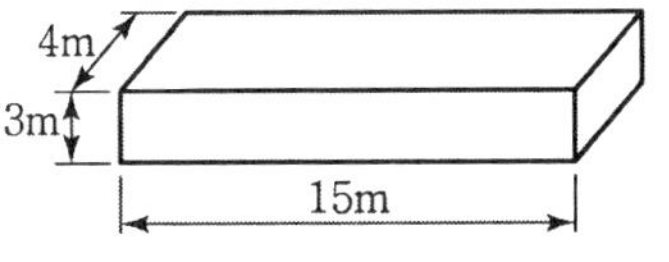

해설

$W = B$ 에서 $9{,}000\text{kg} = 1{,}000(\text{kg/m}^3) \times (15\text{m} \times 4\text{m} \times d)$ $\therefore d = 0.15\text{m}$

예제 2.15

비중 0.9의 빙산이 비중 1.03의 해수면(海水面)에 떠 있다. 수면에서 위로 나온 빙산용적이 100m³ 이면 빙산의 전체 용적은 얼마인가?

해설

$W = B$에서 $\omega_s V = \omega \overline{V} \rightarrow 0.9V = 1.03\,(V - 100)$ $\therefore$ $V = 792.3\text{m}^3$

예제 2.16

물체의 공기 중 무게가 750ton이고 물속에서의 무게는 150ton일 때 이 물체의 체적은?

해설

$W = B + W'$에서 부력 $B = \omega V$ 이므로 $750 = V + 150$ $\therefore V = 600\,m^3$

2. 부체의 안정조건

부체는 부력 B와 부체의 중심에 작용하는 무게 W가 동일 연직선상에 있으면 이 부체는 정지한다. 즉 어떤 물체가 수중에 떠 있을 때 이 부체가 정지하고 있는 상태일 때는 부체의 중량과 부력이 동일하여 부체의 중심 G와 부심 C가 항상 일연직선상에 있다. 부체가 기울어져서 부심이 이동하면 부체의 무게(W)와 부력(B) 사이엔 그림 2.14와 같은 우력이 발생하며 이를 설명하면 다음과 같다.

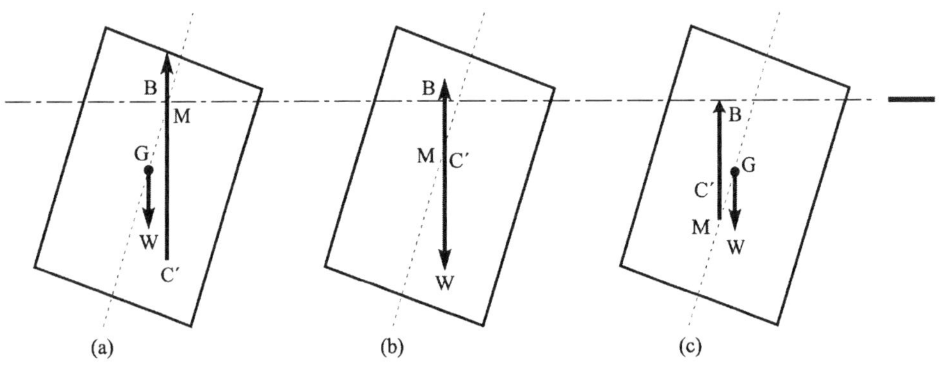

그림 2.14 부체의 안정 조건

(1) 그림(a)는 부체를 평형한 위치로 회복시키는 우력이 작용할 때이며 부체는 안정한데, 즉 부체에 복원력이 작용한다. 이 경우 경심(M)이 부체의 중심(G)보다 위에 있다.

(2) 그림(b)는 W와 B가 항상 동일 연직선 위에 있을 때이며, 부체는 중립으로 우력의 합력이 0이 되며 경심(M)과 부체의 중심(G)가 일치한다.

(3) 그림(c) 부체를 더욱 기울이게 하는 우력이 작용할 때이며, 부체는 불안정한데 즉, 부체에 복원력이 없다. 이 경우 경심(M)이 부체의 중심(G)보다 아래에 있다.

(4) 각도 θ의 경사를 가지는 부체의 안정조건식은 다음과 같다.

$$h = \overline{MG} = \overline{CM} - \overline{CG} = \frac{I_y}{\overline{V}} - \overline{CG}$$

여기서, I_y = 부양면에 대한 최소 단면 2차 모멘트 $\overline{V}$= 수중부분의 물체체적.

표 2.3 부체의 안정조건

구분	해설
안정할 때	$\overline{MG} = \overline{CM} - \overline{CG} > 0 = \frac{I_y}{\overline{V}} - \overline{CG} > 0 \quad \therefore \frac{I_y}{\overline{V}} > \overline{CG}$
불안정할 때	$\overline{MG} = \overline{CM} - \overline{CG} < 0 = \frac{I_y}{\overline{V}} - \overline{CG} < 0 \quad \therefore \frac{I_y}{\overline{V}} < \overline{CG}$
중립일 때	$\overline{MG} = \overline{CM} - \overline{CG} = \frac{I_y}{\overline{V}} - \overline{CG} = 0 \quad \therefore \frac{I_y}{\overline{V}} = \overline{CG}$

한편, 경심고를 구하기 위하여 부체에 대한 우력모멘트로부터

$$P \cdot L = W \cdot \overline{MG} \cdot \tan\theta$$

그러므로, 경심고는 다음과 같다.

$$\overline{MG} = \frac{P \cdot L}{W \cdot \tan\theta}$$

여기서, W는 부체 자체의 무게(배수용량)

예제 2.17

어떤 선박의 배수용량이 2,000t이며 갑판에서 20t의 하중을 선박의 대칭축 방향에 직각이 되는 방향으로 20m 이동시켰을 때 1/20의 각도만큼 기울어졌다. 이때의 경심고는?

해설

경심고 $\overline{\mathrm{MG}} = \dfrac{P \cdot L}{\mathrm{W} \cdot \tan\theta} = \dfrac{20 \times 20}{2000 \times 1/20} = 4m$

2.5 상대정지

TIP

정수역학에서 유체가 움직이나 상대적으로 정지해있는 유체에 대해서 다루며 특히 수평 및 연직가속도가 작용하는 경우를 숙지하고 있어야 한다.

1. 등압면의 방정식

대기와 접한 자유수면 모든 곳에서 압력이 $p = p_o$ (대기압)으로서 일정하므로 $dp = 0$이다. 따라서 $d\varnothing = 0$ 즉, $\varnothing = const$, 곧 $p = const$ 이다. 이와 같이 수면의 모든 곳에서 압력이 일정한 면을 수준면(level surfae)이라 하며, 정수압의 기본식 $\mathrm{dp} = \rho(\mathrm{Xdx} + \mathrm{Ydy} + \mathrm{Zdz})$에서 등압면에서는 p가 일정하므로 미분하면$\mathrm{dp} = 0$이 되므로 $0 = \rho(\mathrm{Xdx} + \mathrm{Ydy} + \mathrm{Zdz})$이 되고

$$\mathbf{Xdx + Ydy + Zdz = 0}$$

위의 식은 압력이 같은 면을 연결한 면 즉, 등압면의 방정식이라 한다. 정수압은 유체가 움직여도 좋으나 유체입자 상호간의 상대적인 움직임이 없을 때 적용한다. 수준면은 다시 말해서 등포텐셜면(equipotential surface)이다.

2. 수평가속도

물통에 물을 넣어서 수평방향으로 α인 가속도로 당긴다고 하자. 물통 속의 물은 수평면에서 정지 상태일 때 중력만이 작용하여 수면은수평으로 되나 만일 가속도 운도을 할 때는 수면은 기울어지려고 동요하게 되며 가속도 α가 일정하게 되며 이때도 수면은 일정한 경사각 θ로 기울어지게 된다. 그림 2.15는 수평가속도를 받는 상태를 표현하였으며, 이 경우 수면의 식은 다음과 같다.

$$z = -\frac{\alpha}{g}x$$

한편, 물이 쏟아지지 않는 경우 최고 가속도 α는 다음과 같이 구한다.

$$\tan\theta = \frac{\alpha}{g} = \frac{(H-h)}{b/2} \quad \therefore \alpha = \frac{(H-h)g}{b/2}$$

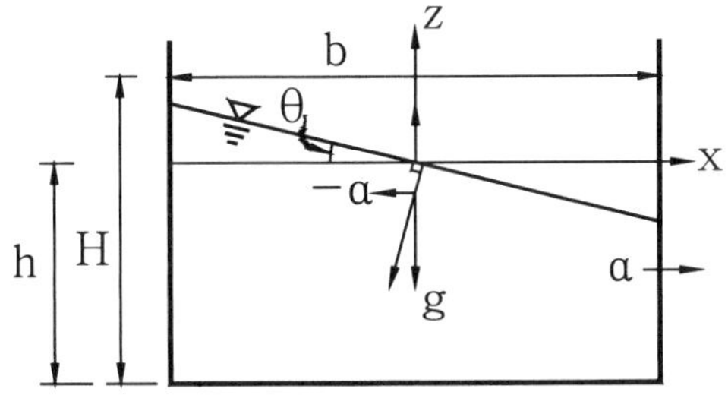

그림 2.15 수평 가속도를 받는 상태

예제 2.18

5.65m/sec²의 일정한 가속도로 일직선으로 달리고 있는 열차 속에 물그릇을 놓았을 때, 이 물이 수평에 대하여 기울어지는 각도는?

해설

$$\tan\theta = \frac{\alpha}{g} = \frac{5.65}{9.8} = 0.577 \text{이므로} \quad \therefore \theta = \tan^{-1} 0.577 = 29.98^{\circ}$$

예제 2.19

다음 그림과 같이 높이 2m인 물통에 물이 1.5m 만큼 담겨져 있다. 물통이 수평으로 $4.9m/sec^2$의 일정한 가속도를 받고 있을 때 물통의 물이 넘쳐 흐르지 않게 하기 위한 물통의 최소 길이는?

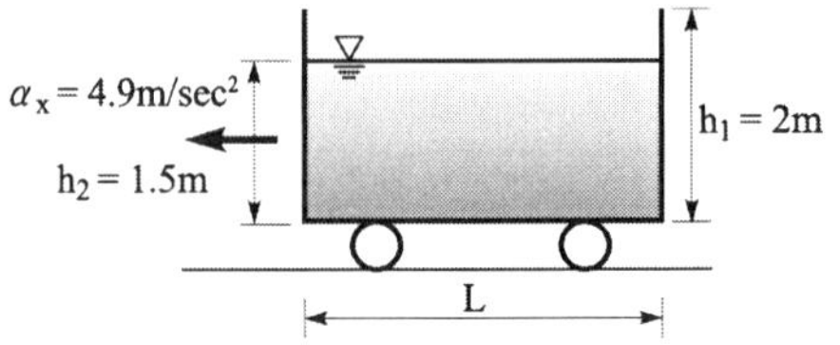

해설

$\tan\theta = \frac{\alpha}{g} = \frac{H-h}{L/2}$ 에서 $\frac{4.9}{9.8} = \frac{2-1.5}{L/2}$ $\therefore L = 2m$

3. 연직가속도

수조가 연직상향으로 가속도가 작용하는 경우를 생각한다. 수조가 정지할 때 물은 $-g$의 중력 가속도만을 받게 되나 이때에 수조를 연직상향(+) 가속도α로 가속시키면 물에 $-\alpha$의 가속도가 작용하므로 z방향으로 $-(\alpha+g)$의 가속도를 받게 되며 x, y방향으로는 운동이 발생하지 않기 때문에 다음과 같은 조건을 갖는다.

$$X = 0, \quad Y = 0, \quad Z = -(\alpha + g)$$

(1) 연직상향 이동의 경우는 다음과 같은 식으로 나타낼 수 있다.

$$p = \omega h\left(1 + \frac{\alpha}{g}\right)$$

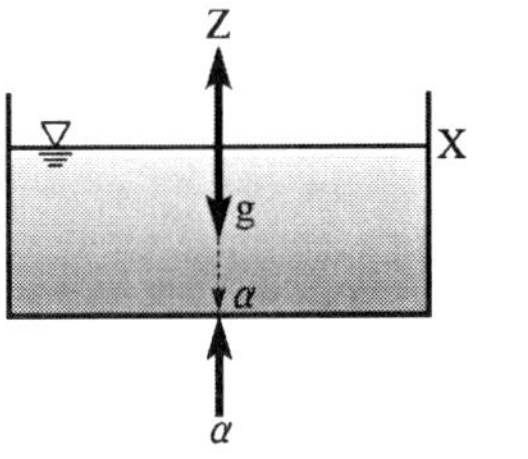

그림 2.16 연직 가속도를 받는 상태

예제 2.20

물이 들어 있고 뚜껑이 없는 수조가 14.7m/sec² 으로 수직 상향으로 가속되고 있을 때, 수조 속 깊이 2m에서의 압력은 얼마인가?

해설

수직으로 상향이동시

$$p = \omega h(1+\frac{\alpha}{g}) = 9.8\mathrm{kN/m^3} \times 2\mathrm{m} \times \left(1+\frac{14.7}{9.8}\right) = 49\mathrm{kN/m^2} = 49\mathrm{kPa}$$

(2) 연직하향 이동의 경우는 다음과 같은 식으로 나타낼 수 있다.

$$p = \omega h(1-\frac{\alpha}{g})$$

만일, 연직하향의 가속도 α가 g이면 $p = 0$이므로 물속에서는 압력이 작용하지 않는다.

예제 2.21

용기에 물을 넣고 연직하향 방향으로 가속도 α를 중력가속도(9.8m/sec²) 만큼 작용했을 때, 용기내 깊이 1m에서 물에 작용하는 압력P는?

해설

연직하향 방향으로 이동시

$$p = \omega h\left(1-\frac{\alpha}{g}\right) = 9.8\mathrm{kN/m^3} \times 1\mathrm{m} \times \left(1-\frac{9.8}{9.8}\right) = 0\mathrm{kPa}$$

4. 회전원통

회전원통속의 수면형을 구하기 위해서는 등압면의 방정식을 활용한다. 즉, 등압면방정식 $Xdx + Ydy + Zdz = 0$에서 $X = \omega^2 x$, $Y = 0$, $Z = -g$ 이고, 이는 $\omega^2 xdx - gdz = 0$이므로 수면경사는 다음과 같다.

$$\frac{dz}{dx} = \frac{\omega^2}{g}x$$

이를 적분하면 $z = \frac{\omega^2}{2g}x^2 + C$ 이고 $x = 0$, $z = h_0$ 일 때 $C = h_0$ 이므로 수면의 식은 다음과 같다.

$$z = \frac{\omega^2}{2g}x^2 + h_o$$

여기서, ω : 각속도(rad/sec), $\mathbf{h = \frac{1}{2}(h_0 + h_a)}$

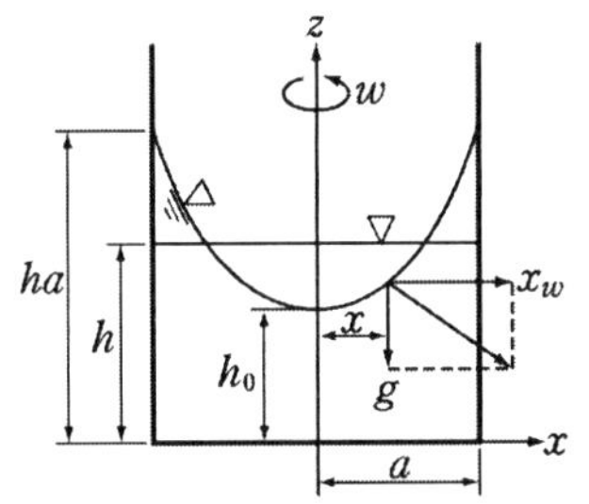

그림 2.17 회전 원통속의 수면형

핵심용어 및 내용

1. 절대압력과 계기압력

▶ 절대압력 : $p_{ab} = p_{at}$(대기압) $+ \omega h$(계기압력)

▶ 계기압력 : 대기압을 압력의 기준으로 압력을 측정($\therefore\ p_{at} = 0$)

2. 표준 대기압 : $1\text{atm} = 760\text{mmHg} = 13.5951 \times 9.8\text{kN/m}^3 \times 0.76\text{m}$

$$= \mathbf{101.3kN/m^2 = 101.3kPa}$$

3. 액주계 : 압력 측정기구

4. 수중물체에 작용하는 전수압

(1) 수면에 수평한 평면에 작용하는 전수압

$\therefore P = pA = \omega h A$

(2) 연직평면에 작용하는 전수압(정수압×면적)

▶ 전수압 $P = \omega h_G A$

▶ 전수압의 작용점 $h_C = h_G + \dfrac{I_G}{h_G A}$

(3) 경사평면에 작용하는 전수압

▶ 전수압 $P = \omega S_G \sin\theta A = \omega h_G A$

▶ 전수압의 작용점 $h_C = S_C \cdot \text{Sin}\theta \left(S_C = S_G + \dfrac{I_y}{S_G A} \right)$

(4) 곡면에 작용하는 전수압

▶ 수평수압 $P_H (= \omega h_G A)$

▶ 연직수압 $P_V (= \omega V)$(※ 투영면이 중복되는 부분은 빼준다.)

$\therefore$ 진수압 $P = \sqrt{P_H^2 + P_V^2}$

5. 원관에 작용하는 수압

강관의 두께 $t = \dfrac{pD}{2\sigma_{ta}}$

6. 부력 $W = B$, $B = \omega \overline{V}$

$W = B$: 물체는 수중에 떠 있을 때($W = \omega S \cdot V$)

$W > B$: 물체가 가라앉을 때($W = B + W'$)

7. 부체의 안정조건

$\overline{MG} > 0$, $\frac{I_x}{V} > \overline{GC}$: 안정

8. 상대정지

(1) 수평가속도 : 수면의 식 $z = -\frac{\alpha}{g}x$

(2) 연직가속도 : $p = \omega h \left(1 + \frac{\alpha}{g}\right)$ ← 상향이동시

(3) 회전원통 : 수면의 식: $z = h_0 + \frac{\omega^2}{2g}x^2$

되집어보기

1. 바닷속 35m 깊이에서 잠수부가 받는 수압과 같은 민물에서의 깊이는? (단, 해수의 비중은 1.025이다.)

해설

$p = \omega \cdot h$ 이므로 $1.025 \times 35 = 1 \times h$ 에서

$\therefore h = 35.88m$

2. 그림과 같이 물을 가득 채운 용기가 있다. A점은 표준대기에 접하고 있을 때 B점의 절대압력은?

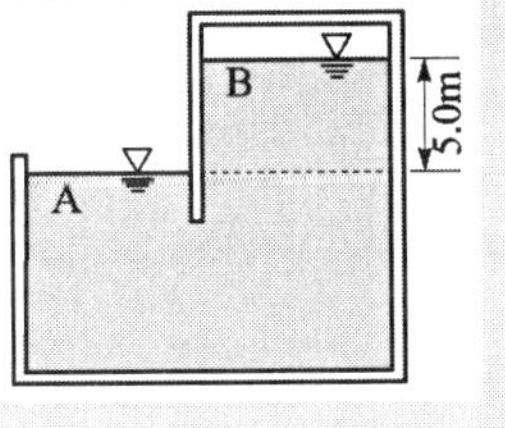

해설

$p_{ab} = p_{atm} - \omega h = 10.33t/m^2 - 1.0t/m^3 \times 5m = 5.33t/m^2 = 0.533kg/cm^2$

(B점은 압력이 표준 대기압보다 낮아서 수면이 올라가 있는 상태이다.)

3. 그림에서 P_1과 평형을 이루도록 하기 위해 P_2에 작용시켜야 할 힘은?

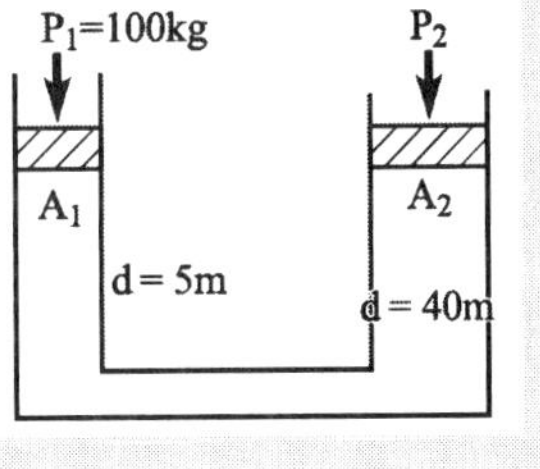

해설

$$\frac{P_1}{A_1} = \frac{P_2}{A_2} \text{ 에서 } \frac{100}{\frac{\pi \times 5^2}{4}} = \frac{P_2}{\frac{\pi \times 40^2}{4}}$$

$\therefore P_2 = 6,400kg$

4. U자형 관에서 어떤 액체 15cm의 높이와 수은 5cm의 높이가 평형을 이루고 있다. 이 액체의 비중은? (단, 수은의 비중은 13.6이다.)

해설

$p = \omega h$ 에서 $13.6 \times 5 = \omega_l \times 15$

$\omega_l = 4.53 g/cm^3$ ∴ 비중 $G = \dfrac{\omega_l}{\omega} = 4.53$

5. 수조에 물이 2m 깊이로 담겨져 있고, 물 위에 비중 0.85인 기름이 1m 깊이로 떠 있을 때 수조 바닥에 작용하는 압력은?

해설

수조 바닥에 작용하는 압력

$p = \omega h = 9.8 \times 2 + 0.85 \times 9.8 \times 1 = 27.9\,\mathrm{kPa}$

6. 그림과 같이 높이 4m, 폭 4m인 수문이 있다. 상류 수심 5m에서 하류로 물이 흐를 때 이 수문에 작용하는 전수압의 작용점 위치는? (단, 수면을 기준으로 한 위치)

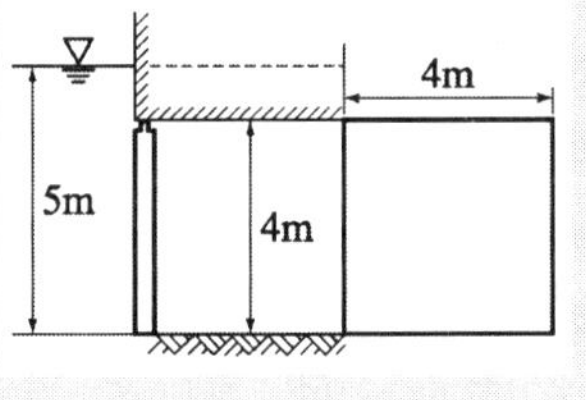

해설

전수압의 작용점

$$h_C = h_G + \frac{I_G}{h_G \times A} = 3 + \frac{\dfrac{4 \times 4^3}{12}}{3 \times (4 \times 4)} = 3.444\,\mathrm{m}$$

7. 그림과 같이 직각2등변 삼각형의 한 변을 자유표면에 두고, 변의 길이를 3m로 하면 자유표면으로부터 정수압의 작용점은?

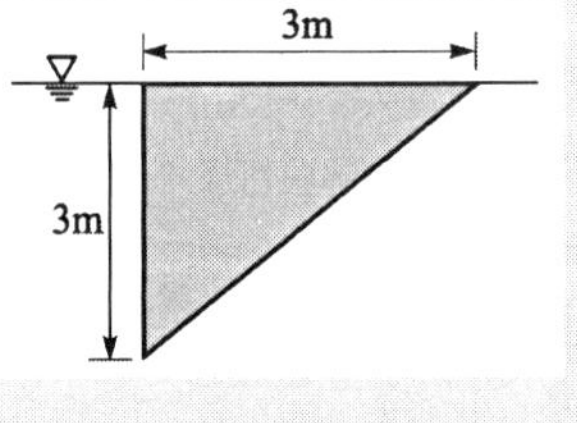

해설

$$h_C = h_G + \frac{\dfrac{b h^3}{36}}{h_G \times A} = 3 \times \frac{1}{3} + \frac{\dfrac{3 \times 3^3}{36}}{3 \times \dfrac{1}{3} \times \left(\dfrac{1}{2} \times 3 \times 3\right)} = 1.5\mathrm{m}$$

8. 직경 4m의 원판이 연직으로 수중에 잠겨있다. 원판의 상단이 수면하 1m의 위치에 있을 경우 원판에 작용하는 전수압과 전수압의 중심위치는?

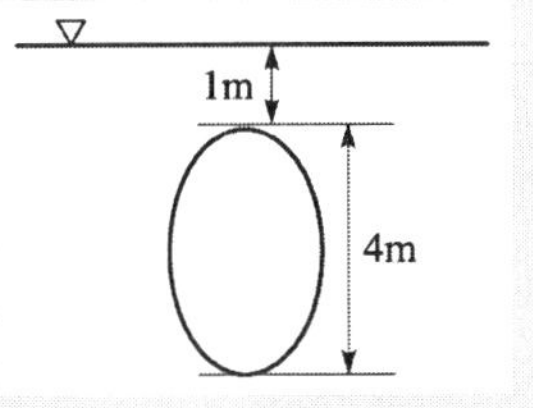

해설

$$P = \omega h_G A = 1 \times (1 + 4/2) \times \frac{\pi \times 4^2}{4} = 37.68t$$

$$h_C = h_G + \frac{I}{h_G A} = 3 + \frac{\dfrac{\pi \times 4^4}{64}}{3 \times \dfrac{\pi \times 4^2}{4}} = 3.33m$$

9. 다음과 같이 수로폭이 3m인 판으로 가로막았을 때 상류수심은 6m, 하류수심은 3m 이었다. 이 때 전수압의 작용점 위치(y)는?

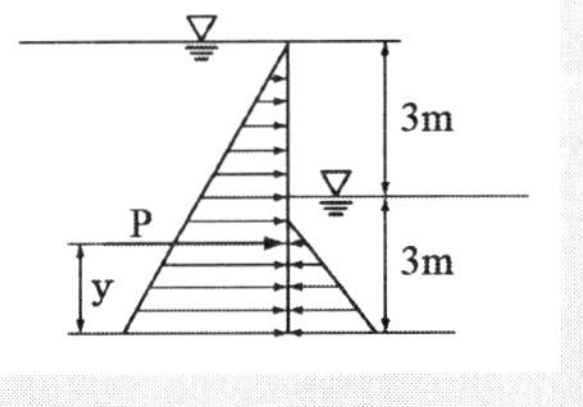

해설

상류 : $P_1 = 1 \times (6/2) \times (3 \times 6) = 54t$

하류 : $P_2 = 1 \times (3/2) \times (3 \times 3) = 13.5t$

판가운데의 아래끝을 기준으로 모멘트를 취하면

$(54 \times hC_1) - (13.5 \times hC_2) = (54 - 13.5) \times y$ 에서

$hC_1 = 6 \times 1/3 = 2m$ 이고, $hC_2 = 3 \times 1/3 = 1m$ 이므로

$(54 \times 2) - (13.5 \times 1) - (54 - 13.5) \times y$

$\therefore y = 2.33m$

10. 그림과 같이 경사면에 수문을 설치했을 때 수문에 작용하는 전압력은?

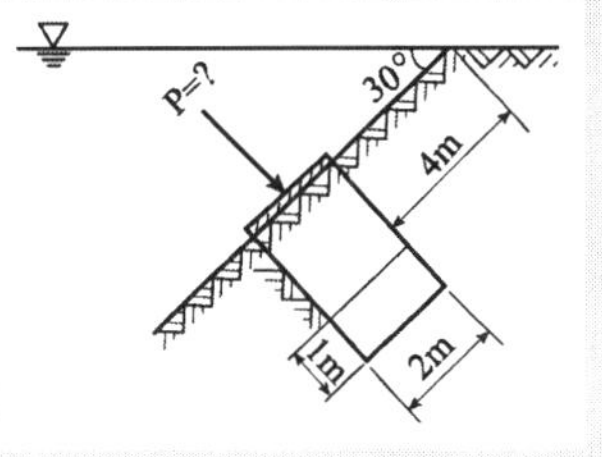

해설

$P = \omega S_G \sin\theta A = 9.8 \times (4 + 2/2) \times \sin 30° \times (1 \times 2) = 49kN$

11. 그림과 같이 물을 막고 있는 원통의 곡면에 작용하는 전수압은? (단, 원통의 축방향 길이는 1m 이다.)

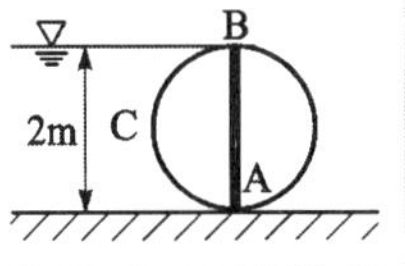

해설

- 수평수압 : $P_H = \omega h_G A = 9.8 \times \frac{2}{2} \times (1 \times 2) = 19.60 kN$
- 연직수압 : $P_V = \omega V = 9.8 \times \left(\frac{1}{2}\frac{\pi \times 2^2}{4}\right) \times 1 = 15.39 kN$

$\therefore P = \sqrt{19.60^2 + 15.39^2} = 24.92 kN$

12. 반지름($\overline{OP}$)이 6m이고, $\theta' = 30°$인 수문이 그림과 같이 설치되었을 때, 수문에 작용하는 전수압(저항력)은?

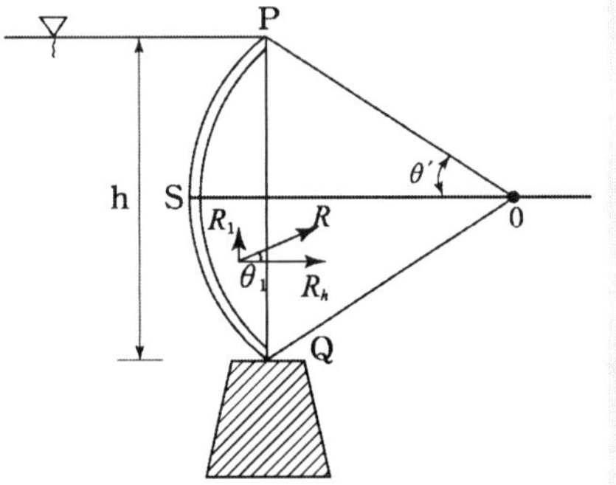

해설

수평분력 : $P_H = 9.8 \times 6 \sin 30° \times 6 = 176.4 kN/m$

연직분력 : $P_V = 9.8 \times \left(\frac{1}{6} \cdot \frac{\pi \times 12^2}{4} - \frac{1}{2} \times 6 \times 6 \times \sin 60^\circ \right) = 31.96\ \mathrm{kN/m}$

따라서, 수문에 작용하는 전압력

$P = \sqrt{{P_H}^2 + {P_V}^2} = \sqrt{176.4^2 + 31.96^2} = 179.3\ \mathrm{kN/m}$

13. 안지름 0.5m, 두께 20mm의 수압판이 15N/cm^{2}의 압력을 받고 있을 때, 관벽에 작용하는 인장응력은?

해설

$t = \frac{p\,D}{2\sigma_{ta}}$ 에서 $\sigma_{ta} = \frac{p\,D}{2t} = \frac{15 \times 50}{2 \times 2} = \frac{15 \times 50}{2 \times 2} = 187.5\ \mathrm{N/cm^2}$

14. 허용 인장응력이 15kg/mm^{2}인 두께 10mm의 철판으로 만들어진 지름 1.2m의 관을 통과하는 물의 수압강도는 얼마까지 가능한가?

해설

$t = \frac{p\,D}{2\sigma_{ta}}$ 에서 $p = \frac{2\sigma_{ta} \times t}{D} = \frac{2 \times 15 \times 10}{1200\mathrm{mm}} = 0.25\mathrm{kg/mm^2}$

15. 부체의 최심부까지의 수심을 나타낸 것을 무엇이라고 하는가?

해설

흘수는 부양면에서 부체의 최심부까지의 수심이다.

16. 빙산(氷山)의 비중이 0.92라 하고, 바닷물의 비중이 1.025라 할 때 빙산의 바닷물 속에 잠겨 있는 부분의 부피는 전체 부피의 약 몇 배인가?

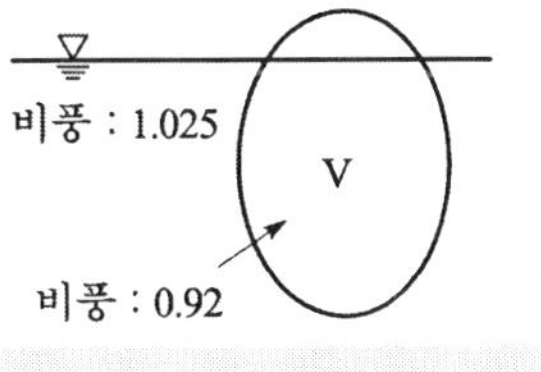

해설

$w_s V = w\overline{V} \rightarrow 0.92V = 1.025\,\overline{V}$

$\therefore\ \overline{V} = \frac{0.92}{1.025} V = 0.9V$

17. 그림과 같은 콘크리트 케이슨이 바닷물에 떠 있을 때 흘수는?
(단, 콘크리트의 비중은 2.4이며, 바닷물의 비중은 1.025이다.)

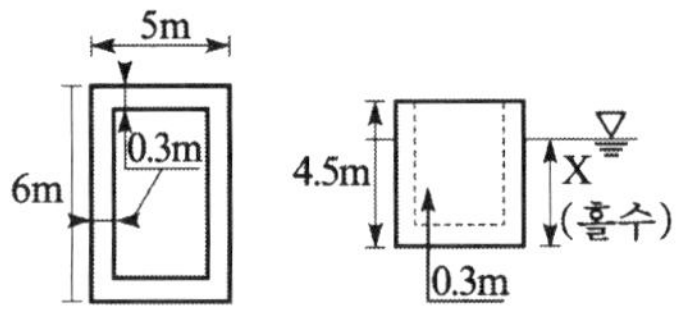

해설

W = B 에서 $2.4 \times (5 \times 6 \times 4.5 - 4.4 \times 5.4 \times 4.2) = 1.025 \times (5 \times 6 \times x)$

$\therefore x = 2.75\ m$

18. 체적이 10m³ 인 물체가 물 속에 잠겨있다. 물 속에서 물체의 무게가 13t이었을 때 그 물체의 비중은?

해설

$W = B + W'$ 에서 $\omega_s \cdot 10 = 1 \times 10 + 13$

$\therefore \omega_s = 2.3t/m^3$

$\therefore$ 비중 $G = \frac{\omega_s}{\omega} = \frac{2.3t/m^3}{1t/m^3} = 2.3$

19. 선박의 갑판에 있는 100t의 화물을 선박의 종축에 직각방향으로 10m 이동했을 때 선박이 1/20 정도 기울어졌다. 이 선박의 배수용량은? (단, 경심고는 2.5m임)

해설

경심고 $h = \frac{P \cdot L}{W \cdot \tan\theta}$ 에서 $2.5 = \frac{100 \times 10}{W \times 1/20}$

$\therefore W = 8{,}000t$

20. 그림과 같이 길이 2m, 높이 1.2m의 물통에 0.9m 깊이로 물을 넣고 수평방향으로 당길 때 물이 쏟아지지 않을 최대 가속도는?

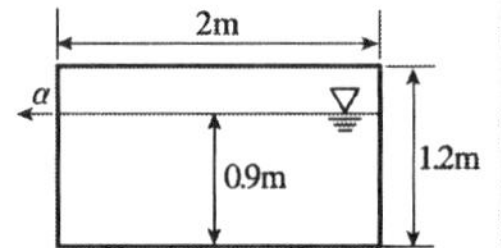

해설

$\frac{\alpha}{g} = \frac{H-h}{\frac{b}{2}}$ 에서 $\frac{\alpha}{9.8} = \frac{1.2-0.9}{\frac{2}{2}}$

$\therefore \alpha = 2.94m/sec^2$

CHAPTER

03

동수역학

CHAPTER 03

동수역학

3.1 흐름의 정의

TIP

흐름에 대한 용어인 유선, 유적선과 유선의 방정식에 대해서 다루게 되며, 이후 관수로와 개수로에 기본이 되는 장이다.

물은 높은 곳에서 낮은 곳으로 이동하며, 관내의 물은 압력이 높은 곳에서 낮은 곳으로 이동하게 된다. 이와 같이 연속적으로 운동하는 상태를 유동 또는 흐름(flow) 혹은 수류(flow of water)라 부른다.

수로를 흐름의 방향에 대하여 직각으로 절단한 수로의 단면적을 수로단면이라 하며 수로 단면 중 유체가 점하고 있는 부분을 유적(Cross sectional area of flow)이라 하며 단위는 cm^2, m^2이 사용된다.

어떤 단위 시간에 유적내의 어떤 점을 통과하는 물의 입자의 속도를 그 점에 있어서의 유속(velocity of flow)이라 한다.

단면 전부에 대하여 평균한 유속을 그 단면의 평균유속(mean of velocity)이라 한다. 보통 유속은 평균유속을 말한다. 또 단위 시간에 흐르는 거리로 표시한다. 즉 t 시간에 l의 거리만큼 흐른 유속을 v라 하면 $v = \dfrac{l}{t}$ 이 된다.

한편, 유속의 단위는 m/sec, cm/sec가 사용된다. 그러나 지하수와 같이 느린 흐름에는 m/hr가 사용된다. 단위시간 내에 유적을 통과한 물의 용적을 유량(discharge)이라 하며 유량의 단위는 t/sec, m^3/sec, cm^3/sec, l/sec 등이 사용된다. 흐름에 대한 용어를 정리하면 아래의 표 3.1과 같다.

3.2 흐름의 분류

TIP

흐르는 유체의 특성을 파악하기 위해서 흐름을 분석하여 정류와 부정류, 등류와 부등류, 층류와 난류는 그 차이점을 충분히 이해하고 있어야 한다.

점성을 무시하고 밀도가 일정한 한 가상적 유체를 완전유체(perfect fluid), 혹은 이상유체(ideal fluid)라 한다. 완전 유체가 운동할 때는 에너지의 손실이 없으나 실제유체는 점성이 있으므로 에너지의 손실이 있다. 물은 점성이 있으나 경우에 따라서는 완전유체로 취급하기도 한다.

표 3.1 흐름의 용어

구분	기호	해설
유속 (Velocity)	V	흐름의 속도를 말하며 단위시간당의 물의 유하거리를 나타낸다.
유적	A	흐름을 직각으로 끊는 횡단면적.
유량 (Discharge)	Q	단위 시간 내에 그 유적을 통과하는 물의 용적(량). Q = AV
유선 (Stream line)		유체가 흐를 때 한 순간에 있어서 각 유체입자의 속도벡터를 그릴 때, 모든 점에서 이들 벡터가 접선이 되는 가상적인 한 개의 곡선으로 유선에 수평한 방향으로 속도성분이 존재하며 정류일 때는 유선에 따라 유속이 변하지 않고 하나의 유선은 다른 유선과 교차하지 않는다.
유적선 (Path line)		유체 한 입자가 이동하는 운동경로이며, 정류인 경우에는 유선과 일치한다.
유관 (Stream tube)		유선들에 의하여 둘러 쌓인 가상적인 관.
유선의 방정식		$\frac{dx}{u} = \frac{dy}{v} = \frac{dz}{w}$

흐름에 대한 기본적인 분류는 아래의 표 3.2와 같다.

표 3.2 흐름의 분류

	시간에 따라	거리에 따라
분류	정류(변화 없음)	등류 (변화 없음) 부등류(변화)
	부정류(변화)	

1. 정류(steady flow)와 부정류(unsteady flow)

어떤 유체가 흐를때 한 단면에 있어서의 유수단면적 및 유속이 시간에 관계없이 일정하면 즉 한 단면을 통과하는 유량이 시간에 의하여 변하지 않는 흐름(즉, $\partial v / \partial t = 0$)을 정류 또는 정상류(steady flow)라 하며 한 단면에 있어서의 유수단면적 및 유속이 시간에 의하여 상이한 것($\partial v/\partial t \neq 0$)을 부정류 또는 비정상류(unsteady flow)라고 한다. 정류와 부정류에 대한 분류는 아래의 표 3.3과 같다.

표 3.3 정류와 부정류

구분	해설
정류(=정상류) (steady flow)	흐름의 상태가 모든 점에서 유동특성(속도, 유량, 밀도, 압력)이 시간에 따라 변화하지 않는 흐름. ex 평상시 하천 $\frac{\partial V}{\partial t} = 0,\ \frac{\partial Q}{\partial t} = 0,\ \frac{\partial \rho}{\partial t} = 0p$
부정류 (unsteady flow)	유동특성이 시간에 따라 변화하는 흐름. ex) 홍수시 하천, 하수도 $\frac{\partial V}{\partial t} \neq 0,\ \frac{\partial Q}{\partial t} \neq 0,\ \frac{\partial \rho}{\partial t} \neq 0p$

2. 등류(uniform flow)와 부등류(nonuniform flow)

정류 중에서 흐름이 어느 단면에서나 유적, 유속, 흐름의 방향이 같은 흐름($\partial v/\partial l = 0$, $\partial v/\partial t = 0$)을 등류(uniform flow)라 하고 정류 중에서도 흐름의 단면에 따라 유적, 유속, 흐름의 방향이 시간에 따라 변하는 흐름($\partial v/\partial l \neq 0, \partial v/\partial t \neq 0$)을 부등류(non-uniform flow)라 한다.

표 3.4 등류와 부등류

구 분	설 명
등류 (uniform flow)	정류중에서 거리에 따라 유속과 유적이 일정한 흐름으로 흐름 특성이 어느 단면에서나 같은 흐름. ex 인공수로 $\frac{\partial V}{\partial t} = 0,\ \frac{\partial V}{\partial l} = 0p$
부등류 (nonuniform flow)	정류중에서 거리에 따라 유속과 유적이 변화하는 흐름. ex 자연하천 $\frac{\partial V}{\partial t} = 0,\ \frac{\partial V}{\partial l} \neq 0$ ※ 정상 부등류 : $\frac{\partial V}{\partial t} = 0,\ \frac{\partial V}{\partial l} \neq 0$, 부정 부등류 : $\frac{\partial V}{\partial t} \neq 0,\ \frac{\partial V}{\partial l} \neq 0$

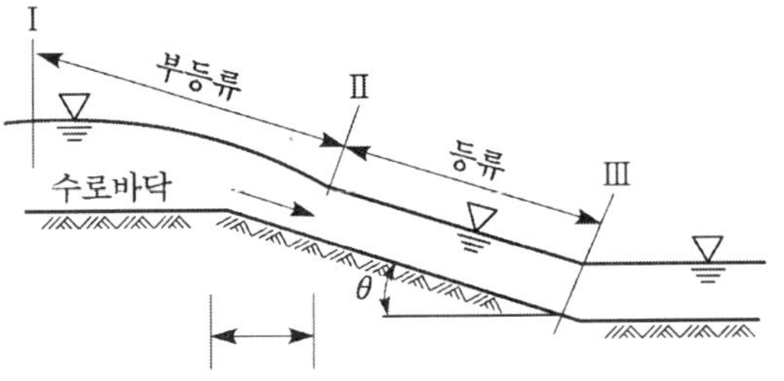

그림 3.1 등류와 부등류

3. 층류(laminar flow)와 난류(turbulent flow)

1883년 레이놀즈(osbone Reynolds, 영국)에 의하여 모든 유체에는 층류(laminar -flow)와 난류(turbulent flow)의 2가지 흐름이 있다는 것을 발견하였다. 층류란 흐름의 선(유선)이 흐트러지지 않고 규칙 바르게 흐르는 흐름을 말하는 것으로서 그림 3.2에서 착색액(염료)이 유수 중에 흐트러지지 않고 직선상으로 흐를 때는 흐름에 직각방향의 속도성분이 없고 물은 흐르게 된다. 난류는 그림 3.2에서 착색액(염료)이 유수 중에 흐트러지면서 흐르는 흐름을 말한다.

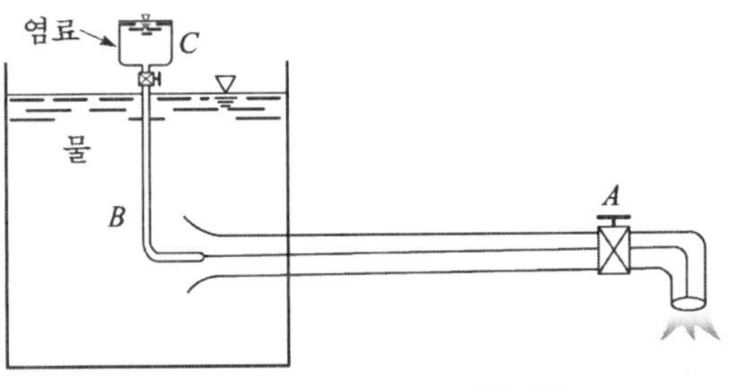

그림 3.2 층류와 난류 실험장치

표 3.5 층류와 난류

구분	해설
층류(laminar flow)	물분자가 층상으로 질서정연하게 흐르는 흐름.
난류(turbulent flow)	물분자가 흐름에 상하좌우로 3차원 방향으로 직각방향의 속도성분을 가지고 이동하면서 흐르는 흐름.

층류에서 난류로 변화할 때의 유속을 한계유속(critical velocity)이라 하며 이것은 유속이 커지므로 일어나는 한계유속이므로 상한계유속(higher critical velocity)이라고도 한다. 또 반

대로 난류에서 유속이 점차 적어져서 층류로 복귀하는 유속을 한계유속이라 한다. 그리고 이 때의 유속을 하한계유속(lower critical velocity)이라 한다. 층류와 난류의 흐름의 상태를 무차원량인 레이놀즈수(Reynold number)에 의하여 유속의 대소 및 관의 내경과 물의 동점성계수에 의하여 결정할 수 있다. 층류와 난류를 구분하기 위하여 실험에 의해 얻어진 점성력에 대한 관성력의 비인 Reynolds 수는 다음과 같다.

$$Re = \frac{VD}{\nu} = \frac{\rho VD}{\mu} \text{(무차원)}$$

여기서, μ : 점성계수, ν : 동점성 계수

(1) 층류인 경우 : Re < 2000
(2) 천이영역 : 2000 < Re < 4000(불완전한 층류)(※ Re > 2000 이라도 층류일 수 있다.)
(3) 난류인 경우 : Re > 4000
※ 한계 Reynolds수 : 2,000

예제 3.1

내경이 2cm의 관내를 수온 20℃의 물이 25cm/sec의 유속을 갖고 흐를 때 이 흐름의 상태는? (단, 20℃일 때의 물의 동점성 계수$\nu = 0.01cm^2/sec$ 이다.)

해설

$$Re = \frac{VD}{\nu} = \frac{25 \times 2}{0.01} = 5,000 > 4,000 \quad \therefore \text{ 난류이다.}$$

예제 3.2

직경이 10cm인 원관 속에 비중이 0.85인 기름이 0.01m³/sec으로 흐르고 있다. 이 기름의 동점성 계수가$1 \times 10^{-4} m^2/sec$일 때, 이 흐름의 상태는?

해설

$$Re = \frac{VD}{\nu} = \frac{\frac{4 \times 0.01}{\pi \times 0.1^2} \times 0.1}{1 \times 10^{-4}} = 1,273 < 2,000 \quad \therefore \text{ 층류이다.}$$

4. 상류 (ordinary flow, tranquil flow)와 사류 (jet flow, rapid flow)

하천이나 수로의 흐름은 저면의 구배에 따라 유속이 변화된다. 이와 같이 개수로 내의 흐름은 유속에 따라 상류(subcritical flow)와 사류(super critical flow)로 나눈다. 수로바닥을 기준으로 한 단위중량의 유수가 가진 에너지를 비에너지(specific energy)라 하고 이 비에너지가 최소일 때의 수심을 한계수심(critical depth)이라 한다. 이 한계수심보다 큰 수심으로 흐르는 수류를 상류, 한계수심보다 작은 수심으로 흐르는 수류를 한계류(critical flow)라 한다. 이는 Froude number에 의하여 구분되기도 한다.

표 3.6 상류와 사류

구분	해설
상류 (ordinary flow, tranquil flow)	C는 $\sqrt{gh}$ 인 장파의 전파속도이고 V가 C보다 작으면 장파가 상류(上流)로 전달된다. 이러한 흐름을 상류(常流)라 하고 V가 C보다 크면 장파가 상류로 전달되지 못하며 이러한 흐름을 사류(射流)라 한다.
사류(jet flow, rapid flow)	

▶ Froude 수에 의한 흐름의 분류

상류와 사류를 구분하기 위하여 제안된 중력에 대한 관성력의 비인 Froude수는 다음과 같다.

$$Fr = \frac{V}{\sqrt{gh}}$$

(1) 상류 : $Fr = \frac{V}{C} = \frac{V}{\sqrt{gh}} < 1$

(2) 한계류 : $Fr = 1$ (이 때의 수심을 한계수심, 유속을 한계유속이라 한다.)

(3) 사류 : $Fr = \frac{V}{C} = \frac{V}{\sqrt{gh}} > 1$

예제 3.3

직사각형 개수로의 단위폭당의 유량이 $5m^3/sec$, 수심이 5m이면 후르드수 및 흐름의 종류는?

해설

$$V = \frac{Q}{A} = \frac{5}{1 \times 5} = 1.0 \text{m/sec}$$

$$Fr = \frac{V}{\sqrt{gh}} = \frac{1}{\sqrt{9.8 \times 5}} = 0.143 < 1$$ 이므로 상류이다.

3.3 흐름의 기본방정식

TIP

연속방정식은 질량보존의 법칙, 베르누이 정리는 에너지 불변의 법칙을 기초로 유도되며, 이 두 식은 수리학에서 매우 중요하게 다루어지므로 반드시 익힌다.

1. 1차원 흐름의 연속방정식

(1) 정류의 연속방정식(비압축성 유체)

유관속을 물이 정상적으로 흐르는 경우 단면Ⅰ 및 단면Ⅱ의 단면적과 유속을 각각 A_1, v_1 및 A_2, v_2 라 한다. 단면Ⅰ을 통과한 유량은 A_1, v_1 이고 단면Ⅱ를 통과한 유량은 A_2, v_2 이다. 물을 완전유체로 가정하면 밀도 및 단위중량은 일정하다. 그러므로 단면Ⅰ을 통과한 물은 단면Ⅱ도 통과하여야 되므로 질량 불멸의 법칙을 적용할 수 있다.

$$Q = A_1V_1 = A_2V_2 = \text{const.}$$

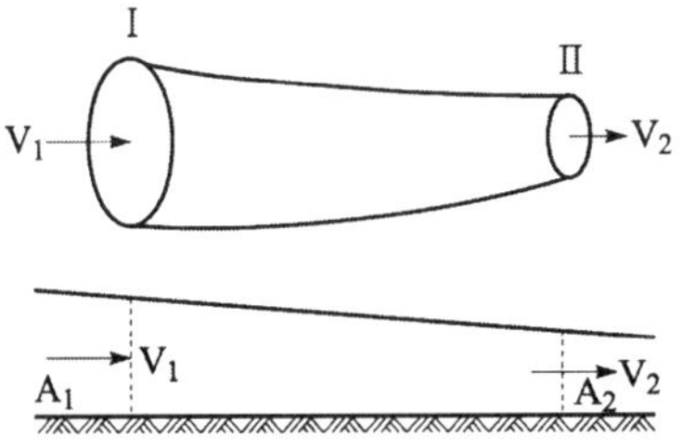

그림 3.3 연속방정식

예제 3.4

관로에서 직경이 0.8m인 곳의 유속이 10m/sec이고 직경 D인 곳의 유속이 5m/sec일 때 D는?

해설

연속방정식 $A_1 V_1 = A_2 V_2$ 에서 $\frac{\pi \times 0.8^2}{4} \times 10 = \frac{\pi \times D^2}{4} \times 5$

$\therefore D = 1.13 \text{ m}$

2. 베르누이 정리 (에너지 방정식)

동일한 유선상에서 유체입자가 가지는 Energy는 같다는 이론으로, 에너지 불변의 법칙에 기초한다. 밀도를 ρ, 기준면에서 각 단면까지의 높이를 z_1 , z_2 라 하여 단면1 및 단면2에 유출하는 에너지는 다음과 같다.

위치에너지(potential energy) = 질량×중력가속도×높이 = $m\,g\,z$

단면1에서 유입하는 물의 위치에너지 = $\rho A_1 v_1 dt \times g \times z_1$ (※$m = \rho A v\, dt$)

단면2에서 유출하는 물의 위치에너지 = $\rho A_2 v_2 dt \times g \times z_2$

운동에너지(kinetic energy) = 1/2×질량×(속도)2 = $1/2 m v^2$

단면1에서 유입하는 운동에너지 = $1/2 \rho_1 A_1 v_1 dt \times v_1^2$

단면2에서 유출하는 운동에너지 = $1/2 \rho_2 A_2 v_2 dt \times v_2^2$

압력에너지(pressure energy) = 전압력×거리

단면1에서 유입하는 압력에너지 = $P_1 A_1 \times v_1 dt$ (※$l = v\, dt$)

단면2에서 유출하는 압력에너지 = $P_2 A_2 \times v_2 dt$

그러므로 dt 시간에 단면1에서 유입하는 에너지의 총합과 단면2에서 유출하는 에너지의 총합은 같다.

위치에너지+운동에너지+압력에너지

$=\rho A_1 v_1 dt\, g z_1 + 1/2\rho_1 A_1 v_1 dt\, v_1^2 + P_1 A_1 v_1 dt$

$=\rho A_2 v_2 dt\, g z_2 + 1/2\rho_2 A_2 v_2 dt\, v_2^2 + P_2 A_2 v_2 dt$

물의 연속성에 의하여 $A_1 v_1 = A_2 v_2$,$\rho g = w$ 이므로, $\rho = \frac{w}{g}$를 대입하면

$$A_1 v_1 dt\,(\rho g z_1 + \tfrac{1}{2}\rho v^2{}_{+\ P_1)1} = A_2 v_2 dt\,(\rho g z_2 + \tfrac{1}{2}\rho v^2{}_{+\ P_2)2}$$

$$\frac{1}{2}\,\frac{w_o}{g}v^2{}_{+\ w_o z_1 +\ P_1 1} = \frac{1}{2}\,\frac{w_o}{g}v^2{}_{+\ w_o z_2 +\ P_2 2}$$

윗 식의 양변을 w_o로 나누면

$$\frac{{v_1}^2}{2g} + \frac{P_1}{w_0} + z_1 = \frac{{v_2}^2}{2g} + \frac{P_2}{w_0} + z_2 = H_t = const$$

$$H = \frac{v^2}{2g} + \frac{P}{w_o} + z = const$$

여기서, $\frac{V^2}{2g}$: 속도수두, $\frac{p}{\omega}$: 압력수두, z : 위치수두이며, 상기와 같이 나타내는 식을 베르누이의 정리(Bernoulli's theorem)라 한다. 이 식은 비회전류이고 마찰이 없는 이상유체(비압축성, 비점성)나 정상류의 흐름에 사용한다.

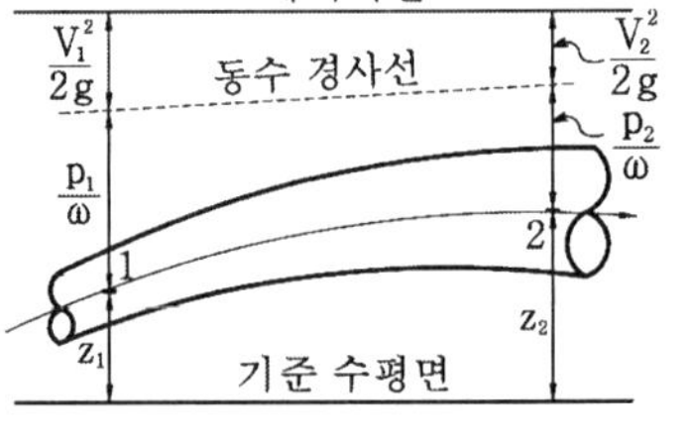

그림 3.4 에너지선과 동수경사선(I)

예제 3.5

기준면에서부터 5m인 곳에 유속 5m/s인 물이 흐르고 있다. 이 때 압력을 재어보니 $49kN/m^2$일 때 전수두는?

해설

$$H = z + \frac{p}{\omega} + \frac{V^2}{2g} = 5 + \frac{49}{9.8} + \frac{5^2}{19.6} = 11.28\ m$$

예제 3.6

물이 3m/sec의 속도로 그림과 같은 관을 흐를 때 관의 압력은? (단, 관중심에서 에너지선까지의 높이는 1.2m이다.)

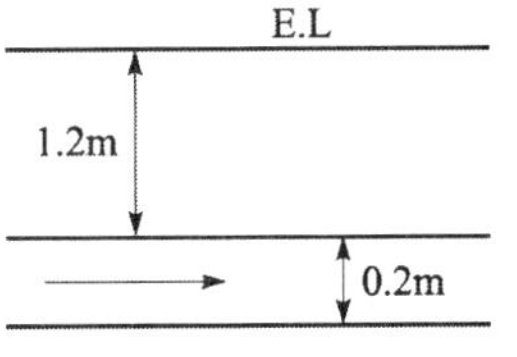

해설

$$H = \frac{p}{\omega} + \frac{V^2}{2g} \text{에서 } 1.2 = \frac{p}{9,800} + \frac{3^2}{19.6}$$

$$\therefore p = 7,260\,Pa$$

예제 3.7

관의 직경이 A점에서 1.0m로부터 B점에서 관경 0.3m로 변화되는 관수로가 그림과 같이 설치되었다. 이 때 A점의 압력을 784kPa, 유속을 0.4m/sec라 하고 두 점간 에너지 손실은 없다고 가정할 때 B점의 유속과 압력은?

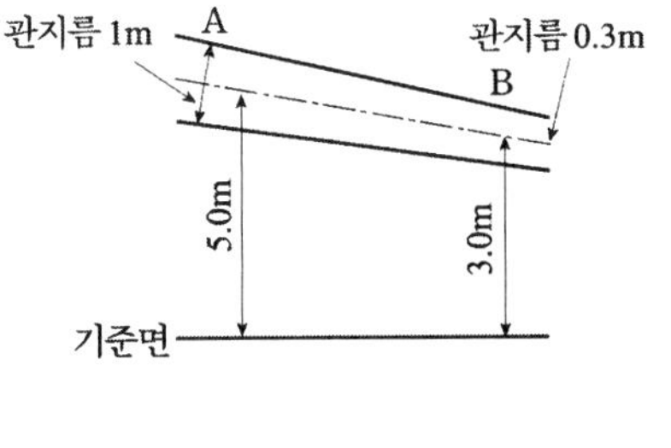

해설

연속방정식 $\frac{\pi \cdot 1^2}{4} \times 0.4 = \frac{\pi \cdot 0.3^2}{4} \times V_B$ 에서

$V_B = 4.44\,\mathrm{m/sec}$

베르누이정리로부터

$$5 + \frac{784}{9.8} + \frac{0.4^2}{19.6} = 3 + \frac{p_B}{9.8} + \frac{4.44^2}{19.6}$$

$\therefore\ p_B = 793.8\,\mathrm{kPa}$

▶ **베르누이 정리의 기본조건 및 가정 사항**

1. 베르누이 정리는 일반적으로 하나의 유선 또는 유관에 대하여 성립한다.
2. 하나의 유선에 대해서는 총에너지가 일정하다.(총에너지 = 운동E + 압력E + 위치E = 일정)
3. 정류의 가정하에 얻은 결과이므로 부정류에서는 성립하지 않는다.
4. 두단면에서 외부와의 에너지 교환은 없다고 가정한다.(에너지 불변의 법칙)
5. 유체는 비압축성 유체이다.
6. 임의의 두 점은 같은 유선위에 있다.

▶ **베르누이 정리가 성립되는 적용 영역**

1. 회전류 : 동일한 유선상
2. 비회전류 : 모든 영역

3. 에너지선과 동수경사선

베르누이의 정리에 있어서 기준 수평면에서 전수두 H_t까지의 높이를 연결한 선($\frac{v^2}{2g} + \frac{P}{w_o} + z$)을 에너지선(energy line)이라 한다. 전수두 H_t는 일정하므로 기준 수평면과 에너지 선은 나란하다.

에너지선에서 속도수두를 뺀 위치수두 + 압력수두를 연결한 선을 수두경사선(hydraulic grade line) 또는 동수경사선이라고 한다.

표 3.7 에너지선과 동수경사선

구분	해설
에너지선 (E.L.)	전수두(총수두)를 연결한 선으로 흐름방향으로 수평이다. (※ 동수경사선보다 속도수두만큼 위에 위치한다.) 에너지선의 경사를 에너지경사라 하고 다음과 같다. $I = \frac{h_L}{l}$
동수경사선 (= 수두 경사선) (H.G.L.)	기준 수평면에서 위치수두와 압력수두의 합을 연결한 선. (※ 에너지선에서 속도수두만큼 아래에 위치한다.) 동수경사선의 경사를 동수경사라 하고 다음과 같다. $I = \frac{h_L'}{l} = -\frac{\partial}{\partial s}\left(\frac{p}{\omega}\right)$

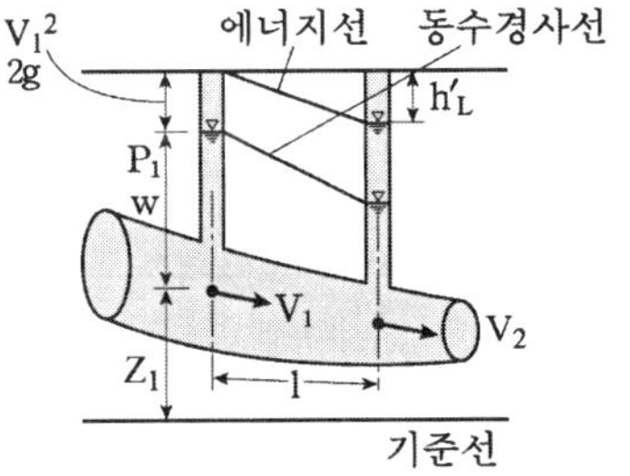

그림 3.5 에너지선과 동수경사선(II)

3.4 베르누이정리의 응용

TIP

베르누이 정리를 응용하여 유도된 공식들에 대해서 다루게 되는데, Pitot tube는 각종 자격증시험 등에 자주 출제된다.

1. Torricelli의 정리

그림 3.6과 같은 물통의 수면에서 깊이 H인 점에 수조의 수면을 일정하게 하기 위하여 물을 계속 공급하면 유출구 II에서 유량은 일정하게 된다.

수면상의 임의의 단면 I과 유출구 II와의 사이에 베르누이의 정리를 적용하면 각 단면의 대기압은 무시하고 I 단면의 유속은 접근유속으로 0에 가까우므로 속도수두는 0이며, II단면에서는 기준면이므로 위치수두가 0가 된다. 이로부터 Ⅰ단면에서는 위치수두 인 수심 h만 남게 되고, Ⅱ단면에서는 속도수두만 남게 된다.

$$h + 0 + 0 = 0 + 0 + \frac{V^2}{2g}$$

$V = \sqrt{2gh}$ (→ 오리피스의 이론유속)

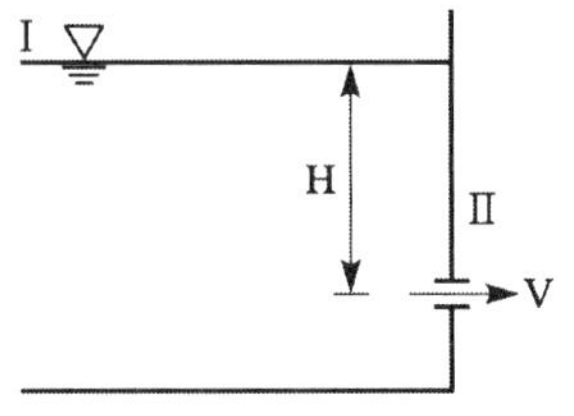

그림 3.6 Torricelli의 정리

2. Pitot tube : 동압력 측정기구

피토관은 베르누이의 정리를 응용하여 유속을 측정하는 장치로서 Henri de Pitot (1695~1771)가 1732년에 고안 발표하였다. 정압관과의 수면차(동압력수두)를 측정하여 관전면의 유속을 측정하는데 사용되는 장치로 그림 3.7에서와 같이 둥근 유리관의 하부를 직각으로 구부려 유체의 흐르는 방향에 대하여 직각으로 세우고 이 관의 유입구 2와 조금 상류의 1점에 구부리지 않은 똑바른 유리관을 하나 더 세운다.

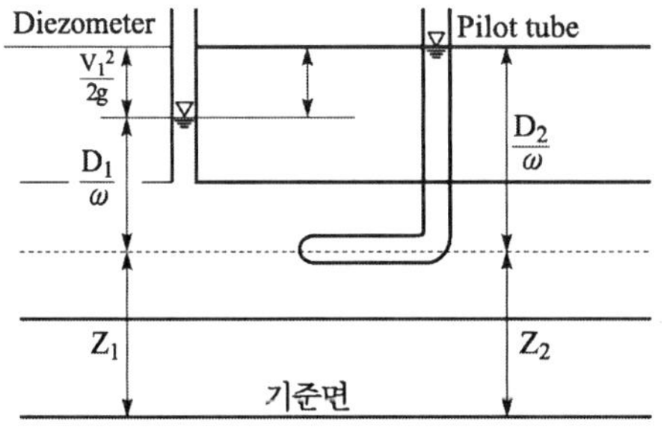

그림 3.7 피토관(pitot tube)

이 때 유체의 유속을 v라 하면 관외에서는 유속이 v이나 관내에서는 유속이 없어지고 그 만큼 압력이 증가되어 관내의 물을 밀어 올려서 유속 v에 의한 수두 h 만큼 상승시킨다. 그러므로 1, 2점에 베르누이의 정리를 적용시키면

① Ⅰ단면 : 정압력
② Ⅱ단면 : 유속 V에 의한 동압력과 정압력

그러므로, $0+\frac{p}{\omega}+\frac{V^2}{2g}=H+\frac{p}{\omega}+0$ 에서

$$V=\sqrt{2gH}$$

예제 3.8

다음 그림에서 H = 250cm일 때 유속을 구한 값은?

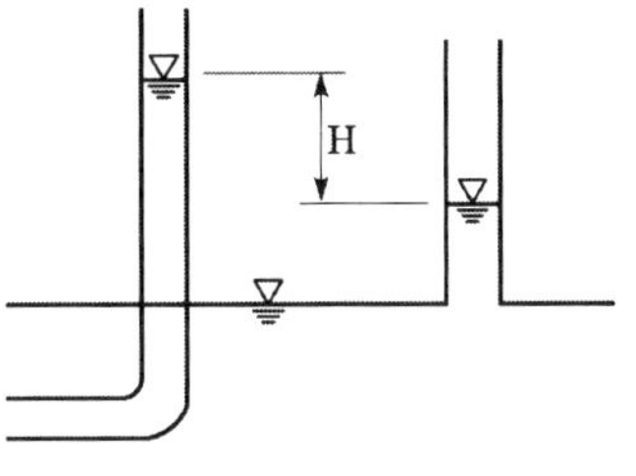

해설

$$V=\sqrt{2gH}=\sqrt{1,960\times250}=700\text{cm/sec}$$

3. Venturimeter : 관수로의 유량과 평균유속 측정기구

벤츄리미터는 Giovanni Battista Venturi(1746~1822)가 1797년 고안하여 1887년 미국사람 Clemen S, Hershel에 의하여 개발되었다. 관수로의 중간에 점축관을 연결하여 보통 단면 Ⅰ과 축소단면 Ⅱ의 압력차를 측정하도록 수평으로 놓여있다. 축소단면 Ⅱ는 단면 Ⅰ보다 유속이 커지므로 수압은 작아진다. 이것에 의하여 관내의 유량 또는 평균유속을 측정할 때 이용된다. Ⅰ, Ⅱ단면에 역시 베르누이정리를 적용하면 다음과 같은 두 가지 경우에 대하여 정리가 된다.

(1) 피에조미터를 설치하여 수두차 h를 측정할 경우

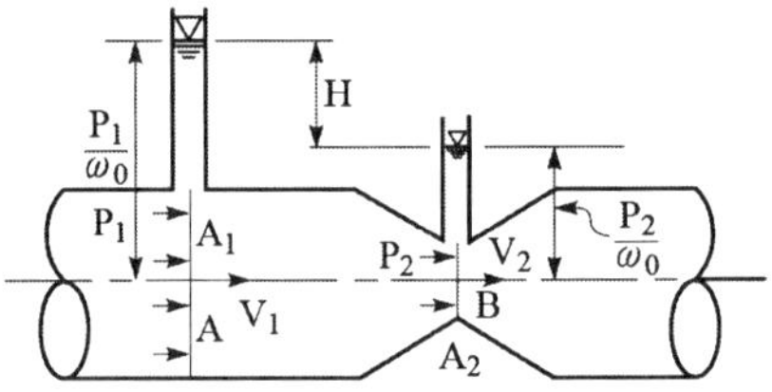

그림 3.8 벤튜리미터(Venturimeter)

Ⅰ, Ⅱ 단면에 베르누이 정리를 적용하면 실제유량

$$Q = C\frac{A_1A_2}{\sqrt{A_1^2 - A_2^2}}\sqrt{2gh}$$

(2) 액주계를 사용하여 수두차 h를 측정할 경우(U자형, 수은 차압계를 사용할 경우)

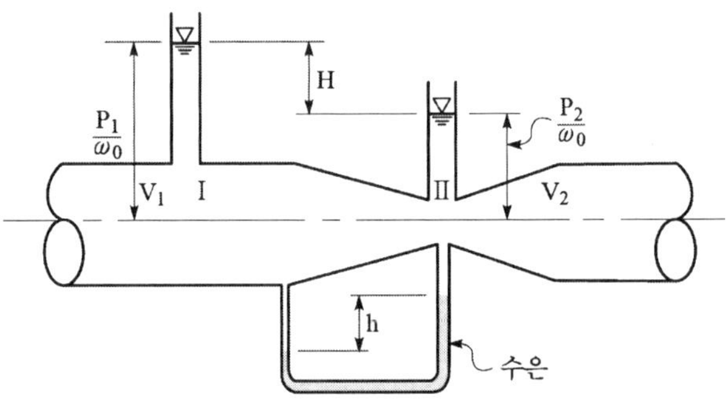

그림 3.9 액주계 벤튜리미터(Venturimeter)

그림 3.9에서 $h = h' \times \left(\frac{\omega'}{\omega} - 1\right)$ 이므로,

$$Q = C \cdot \frac{A_1 \cdot A_2}{\sqrt{A^{2}_{\ \ - A_2^2 \cdot \sqrt{2gh'\left(\frac{\omega'}{\omega} - 1\right)}\ 1}}}$$

여기서, ω' : U자형 액주계에서의 수은의 단위중량, C : 유량계수

h : 피에조미터의 수두차$\left(\frac{p_1 - p_2}{\omega}\right)$, h′ : U자형 수은차압계의 수두차

예제 3.9

지름 200mm인 관로에 축소부 지름이 120mm인 벤투리미터(Venturimeter)가 부착되어 있다. 두 단면의 수두차가 1.0m, $c = 0.98$일 때의 유량은?

해설

$$A_1 = \frac{\pi \times 0.2^2}{4} = 0.0314\text{m}^2,$$

$$A_2 = \frac{\pi \times 0.12^2}{4} = 0.0113\text{m}^2,$$

$$\therefore Q = 0.98 \times \frac{0.0314 \times 0.0113}{\sqrt{0.0314^2 - 0.0113^2}} \times \sqrt{19.6 \times 1} = 0.0525\,\text{m}^3/\text{s}$$

3.5 운동량방정식

TIP

역적-운동량방정식 에서는 이동하는 유체가 가지는 운동량에 의해 판에 미치는 힘에 대해서 다루게 된다.

1. 운동량과 역적

$\triangle t$ 시간 사이에 유속이 v_1에서 v_2로 변화하였다고 하고 그 사이에 작용한 힘을 일정하다고 하면, 가속도 α는

$$\alpha = \frac{v_2 - v_1}{\triangle t}$$

뉴튼의 운동 제2법칙을 적용하면 질량 m 의 물체에 힘 F가 작용하여 그 물체가 α의 가속도를 내었다고 하면

$$F = m\alpha \text{ 이므로 } F = m\frac{v_2 - v_1}{\triangle t}$$

$$F\triangle t = m(v_2 - v_1)$$

여기서 $F\triangle t$ 를 역적(impulse), $m\,v$를 운동량(momentum) 라 하고 상기의 식을 운동량 방정식(equation of momentum)이라 한다. 특히 단위시간인 경우를 생각하면 다음과 같다.

$$F = mv_2 - mv_1 = m(v_2 - v_1)$$

즉, 운동량은 극히 짧은 시간에 유체가 어떤 면에 충돌하여 발생하는 반작용의 힘을 구하는 것이며, 가정으로는 흐름은 정상류이고 유속은 단면 내에서 일정하다.
$\Delta t = 1$일 때 $\mathbf{F = m(V_2 - V_1)}$을 단위시간에 대한 운동량 방정식이라 하는데,

$\mathrm{m} = \rho\,\mathrm{Q} = \frac{\omega}{\mathrm{g}}\mathrm{Q}$ 이므로 단위시간당 힘은 다음과 같다.

$$\mathrm{F} = \frac{\omega}{\mathrm{g}}\mathrm{Q}(\mathrm{V}_2 - \mathrm{V}_1)$$

2. 정지판에 미치는 충격력

(1) 직각으로 충돌할 경우는 그림 3.10과 같고 $V_1 = V$, $V_2 = 0$ 이므로

$$-F_x = \frac{\omega}{g}Q(0-V) = -\frac{\omega}{g}QV = \frac{\omega}{g}AV^2$$

$$F_x = \frac{\omega}{g}AV^2$$

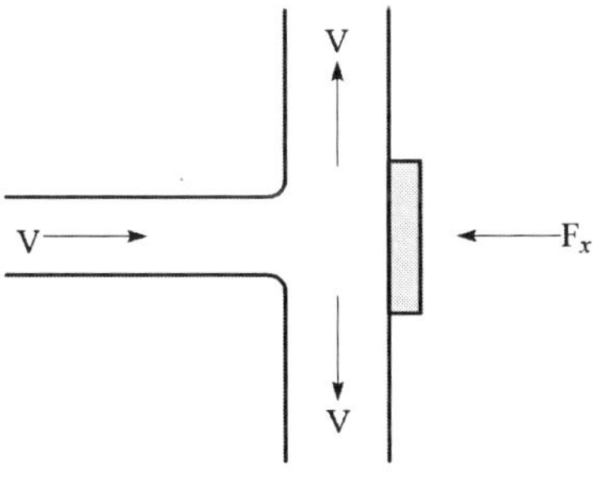

그림 3.10 정지판에 직각으로 충돌할 경우

예제 3.10

그림과 같이 직경이 10cm의 단면적에 유속이 40m/sec의 분류가 판에 충돌하여 90°로 구부러질 때 판에 작용하는 힘은 얼마인가?

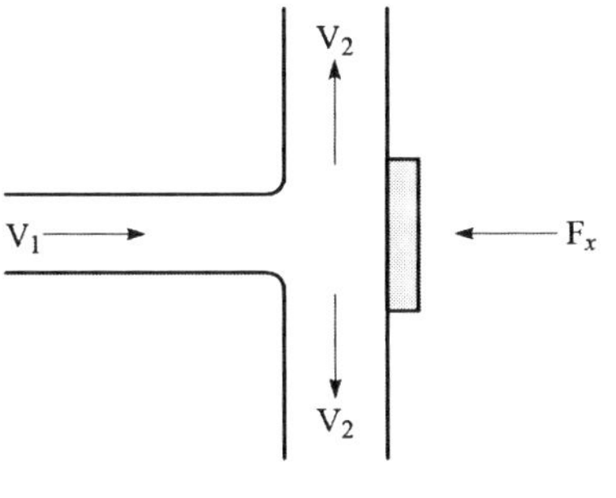

해설

$F_x = \frac{\omega}{g}Q(V_2 - V_1)$ 에서 $-F_x = \frac{9.8}{9.8} \times \left(\frac{\pi \times 0.1^2}{4} \times 40\right) \times (0-40) = -12.54\text{kN}$

$\therefore F_x = 12.54\text{kN}$

(2) 경사지게 충돌할 경우에는 그림 3.11과 같고 x방향은 $V_1 = V\sin\theta$, $V_2 = 0$이므로

$F_x = \frac{\omega}{g} A V^2 \sin\theta$, y방향은 $V_1 = V\cos\theta$, $V_2 = V$이므로

$F_y = \frac{\omega}{g} Q V(\cos\theta - 1)$ 그러므로 충격력은 다음과 같이 합력으로 나타낸다.

$$F = \sqrt{F_x^2 + F_y^2}$$

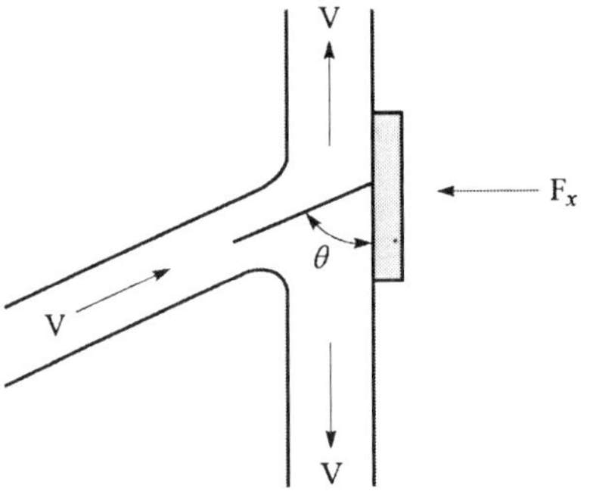

그림 3.11 정지판에 경사지게 충돌할 경우

예제 3.11

단면적 200cm2인 90°굽어진 관(1/4 원의 형태)을 따라 유량 $Q = 0.05\text{m}^3/\text{sec}$의 물이 흐르고 있다. 이 굽어진 면에 작용하는 힘(P)은? (단, 무게 1kg = 9.8N)

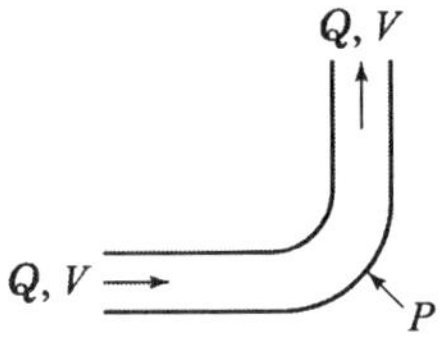

해설

$$V = \frac{Q}{A} = \frac{0.05}{200 \times 10^{-4}} = 2.5\text{m/sec}$$

$F_x = \frac{\omega}{g} Q(V_2 - V_1)$에서

$$-F_x = \frac{9,800}{9.8} \times 0.05 \times (0 - 2.5) = -125\text{N} \quad \therefore F_x = -125\text{N}$$

$$F_y = \frac{\omega}{g} Q(V_2 - V_1) = \frac{9,800}{9.8} \times 0.05 \times (2.5 - 0) = 125\text{N}$$

$$\therefore F = \sqrt{F_x{}^2 + F_y{}^2} = \sqrt{125^2 + 125^2} = 176.8\text{N}$$

(3) 정지한 곡면판에 충돌할 경우 각도θ < 90° 인 경우에는 x, y방향으로 분리하여 다음과 같이 정리된다.

x방향 : $V_1 = V$, $V_2 = V\cos\theta$이므로

$$-F_x = \frac{\omega}{g} Q(V\cos\theta - V) = -\frac{\omega}{g} QV(1 - \cos\theta) = -\frac{\omega}{g} AV^2(1 - \cos\theta)$$

$$F_x = \frac{\omega}{g} AV^2(1 - \cos\theta)$$

y방향 : $V_1 = 0$, $V_2 = V\sin\theta$이므로

$$F_y = \frac{\omega}{g} Q(V\sin\theta - 0) = \frac{\omega}{g} QV\sin\theta = \frac{\omega}{g} AV^2\sin\theta$$

$$F_y = \frac{\omega}{g} AV^2\sin\theta$$

그러므로 충격력과 작용하는 각도는 다음과 같이 나타낸다.

$$F = \sqrt{F_x^2 + F_y^2} \qquad \alpha = \tan^{-1}\left(\frac{F_y}{F_x}\right)$$

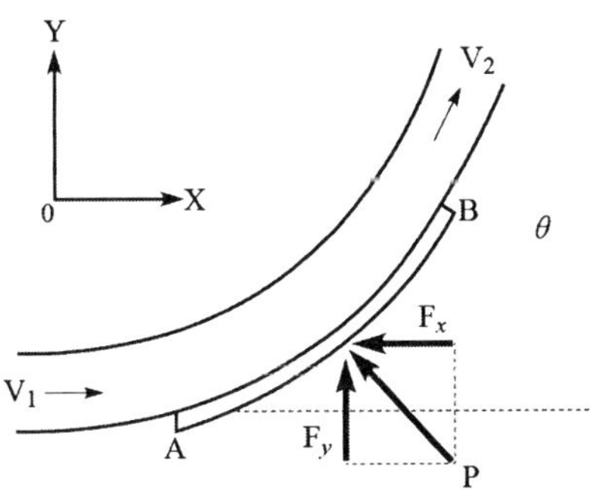

그림 3.12 정지곡면에 작용하는 힘

(4) 정지한 곡면판에 충돌할 경우 각도 $\theta = 180°$ 인 경우에는 다음과 같이 정리된다.

$V_1 = V, \ V_2 = V\cos 180° = -V$ 이므로

$$-F = \frac{\omega}{g}Q(-V-V) = -\frac{\omega}{g}Q(V+V) = -\frac{2\omega}{g}AV^2$$

그러므로 충격력은 다음과 같다.

$$F = \frac{2\omega}{g}AV^2$$

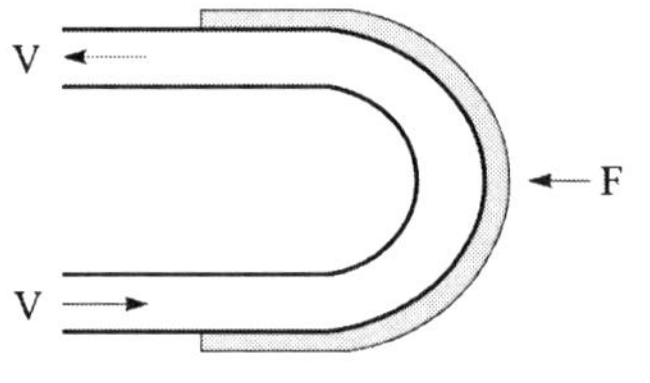

그림 3.13 곡면판에 충돌하는 유체

3. 이동판에 미치는 충격력

(1) 이동판에 직각으로 충돌할 경우는 다음과 같이 이동속도 u를 고려하여 정리된다.
$V_1 = V - u, \ V_2 = 0$ 이므로

$$-F = \frac{\omega}{g}Q[0-(V-u)] = -\frac{\omega}{g}Q(V-u) = -\frac{\omega}{g}A(V-u)^2 \ [\because Q = A(V-u)]$$

그러므로 충격력은 다음과 같다.

$$F = \frac{\omega}{g}A(V-u)^2$$

예제 3.12

10m/s로 움직이는 수직 평판에 동일한 방향으로 25m/s로 분류가 충돌하고 있을 때 평판에 미치는 힘은? (단, 분류의 지름은 10mm이다.)

해설

$F_x = \frac{\omega}{g} Q(V_2 - V_1)$에서

$-F_x = \frac{9{,}800}{9.8} \times \left(\frac{\pi \times 0.01^2}{4} \times 15 \right) \times (0-15) = -17.67N$

$\therefore \; F_x = 17.67N$

(2) 이동하는 곡면판에 충돌할 경우는 $V_1 = V - u$, $V_2 = (V-u)\cos\theta$이며

$$-F = \frac{\omega}{g} Q\,(V-u)(\cos\theta - 1) = -\frac{\omega}{g} A\,(V-u)^2\,(1-\cos\theta)\,[\because Q = A\,(V-u)]$$

그러므로 충격력은 다음과 같다.

$$F = \frac{\omega}{g} A\,(V-u)^2\,(1-\cos\theta)$$

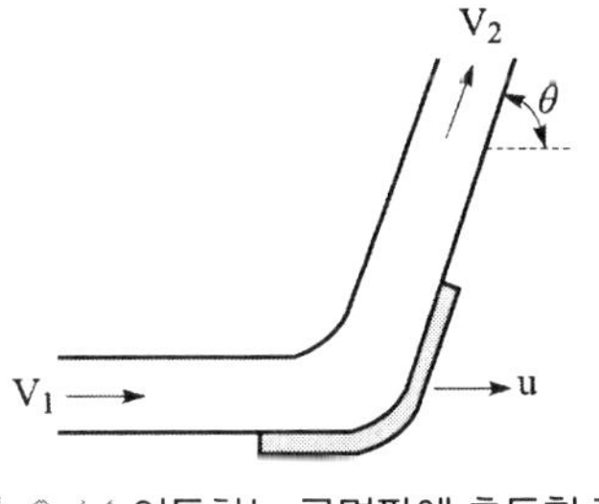

그림 3.14 이동하는 곡면판에 충돌할 경우

3.6 오일러의 운동방정식

TIP

실제 수리학에서는 상당히 주요한 부분이나 각종 자격증시험에서는 상대적으로 간단한 결과만을 요구하는 장이다.

1. 운동방정식과 연속방정식

(1) 비압축성인 유체의 1차원 흐름에 대한 운동방정식은 다음과 같다.

$$V\frac{\partial V}{\partial s}+\frac{\partial V}{\partial t}=-g\frac{\partial z}{\partial s}-\frac{1}{\rho}\frac{\partial p}{\partial s}$$

흐름이 정류일 경우 $\frac{\partial V}{\partial t}=0$ 이다.

(2) 비압축성인 3차원 흐름에 대한 운동방정식은 다음과 같다.

$$\frac{\partial u}{\partial x}u+\frac{\partial u}{\partial y}v+\frac{\partial u}{\partial z}w+\frac{\partial u}{\partial t}=X-\frac{1}{\rho}\frac{\partial p}{\partial x}$$

$$\frac{\partial v}{\partial x}u+\frac{\partial v}{\partial y}v+\frac{\partial v}{\partial z}w+\frac{\partial v}{\partial t}=Y-\frac{1}{\rho}\frac{\partial p}{\partial y}$$

$$\frac{\partial w}{\partial x}u+\frac{\partial w}{\partial y}v+\frac{\partial w}{\partial z}w+\frac{\partial w}{\partial t}=Z-\frac{1}{\rho}\frac{\partial p}{\partial z}$$

여기서, u, v, w는 유체입자의 x, y, z 방향의 속도성분, X, Y, Z는 단위질량당 실질력의 x, y, z 방향의 성분이다.

(3) 3차원 흐름에 대한 연속방정식은 다음과 같이 정리된다.
압축성 부정류일 경우가 가장 일반적인 유체에서의 연속방정식으로 다음과 같이 나타낸다.

$$\frac{\partial \rho}{\partial t}+\frac{\partial \rho u}{\partial x}+\frac{\partial \rho v}{\partial y}+\frac{\partial \rho w}{\partial z}=0$$

압축성 정상류일 경우의 연속방정식으로 다음과 같이 나타낸다.

$$\frac{\partial \rho u}{\partial x}+\frac{\partial \rho v}{\partial y}+\frac{\partial \rho w}{\partial z}=0$$

비압축성 정상류일 경우는 $\rho=$ const.이므로 다음과 같이 나타낸다.

$$\frac{\partial u}{\partial x}+\frac{\partial v}{\partial y}+\frac{\partial w}{\partial z}=0\left(\nabla \cdot \vec{u}=0\right)$$

3.7 에너지보정계수와 운동량보정계수

TIP

평균 유속을 사용하기 때문에 발생하는 에너지와 운동량의 차를 보정하는 에너지와 운동량 보정계수들의 값을 암기하는 것이 도움이 된다.

평균유속과 임의의 단면유속 v와는 상이하므로 일치하지 않다. 즉 운동에너지는 실제의 유속 v를 사용할 때와 v_m을 사용할 때는 약간의 차가 생기며, 이것을 보정하기 위하여 에너지 보정계수 α를 사용한다. 마찬가지로 운동량방정식에도 평균유속과 임의 단면 실제유속의 차이로 인한 보정계수 β를 사용한다.

에너지보정계수와 운동량보정계수를 정리하면 표 3.8과 같다. 에너지 보정계수와 운동량 보정계수는 실제유체 흐름에 적용한다. 이상유체(균일유속분포)일 때는 그 값이 1이며, 층류일 때가 난류일 때보다 크다.

3.8 항력

TIP

항력은 동수역학 단원은 아니지만 따로 정리하기가 어렵기 때문에 동수역학 부분 마지막에 포함시켰으며 항력의 정의와 계산문제를 숙지해야 한다.

흐르는 유체 속에 있는 물체가 유체로부터 받는 힘을 말하며, 유체의 전저항력이라고 하고 다음과 같은 식으로 나타낸다.

$$\therefore D = C_D A \frac{\rho V^2}{2}$$

여기서, $C_D = \frac{24}{Re} = \frac{24\mu}{\rho V d} = \frac{24\nu}{V d}$ (∴ CD는 Re 수의 함수)

A : 흐름방향 물체의 투영면적 (원통형 →$d \times l$, 구체(球体) →$\frac{\pi \times d^2}{4}$)

$\frac{\rho V^2}{2}$: 동압력

표 3.8 에너지보정계수와 운동량보정계수

구분	해설
에너지 보정계수	실제유속과 평균유속 사용시 운동에너지의 차를 보정하는 계수로 이상유체에서의 속도수두를 보정하기 위한 무차원 상수이다. $pRM\alpha = \frac{1}{A}\int_A (V/V_m)^3\, dA$(무차원) 원관 내 층류 ; 2, 원관 내 난류 ; 1.01~1.0
운동량 보정계수	평균유속을 사용시에 나타나는 운동량을 보정하기 위한 무차원 상수. $\beta = \frac{1}{A}\int_A (V/V_m)^2\, dA$(무차원) 원관 내 층류 ; 4/3, 원관 내 난류 ; 1.0~1.05

예제 3.13

하천의 임의 단면에 교량을 설치하고자 한다. 원통형 교각 상류(전면)에 2m/s의 유속으로 물이 흘러간다면 교각에 가해지는 항력은? (단, 수심은 4m, 교각의 직경은 2m, 항력계수는 1.5이다.)

해설

$$\text{항력}D = C_D A \frac{\rho V^2}{2} = 1.5 \times (2 \times 4) \times \frac{\frac{9.8}{9.8} \times 2^2}{2} = 24\ \mathrm{kN}$$

이외에도 다음과 같은 항력이 있다.

▶ 마찰저항(마찰항력)

유체가 물체 표면을 따라 흐를 때 점성과 난류에 의해 물체표면에 발생하는 저항. (물체의 표면적, 물체 표면의 조도, Re 수와 관계가 있다.)

▶ 형상저항(압력저항)

물체후면에 소용돌이(후류)가 생겨 압력저항에 의하여 발생하는 흐름저항.

▶ 조파저항(조파항력)

물체가 수면에 떠 있거나, 일부가 수면위에 있을 때 파동을 일으키는 경우 물체에 저항하는 항력.

핵심용어 및 내용

1. 유선 : 유체가 흐를 때 한 순간에 있어서 각 유체입자의 속도벡터를 그릴 때, 모든점에서 이들 벡터가 접선이 되는 가상적인 한 개의 곡선. 정류일 때는 하나의 유선은 다른 유선과 교차하지 않는다.

2. 흐름분류

▶ 정류와 부정류 : 횡단면을 지나는 유동특성(속도, 유량, 밀도)이 한 점에서 시간에 따른 변화 유무에 의해 분류

▶ 등류와 부등류 : 정류중에서 유동특성이 거리에 따른 변화 유무에 의해 분류

▶ 층류와 난류 : 물분자의 움직임에 따라서 분류(레이놀즈수에 의해 분류)

$$\mathrm{Re} = \frac{\rho VD}{\mu} = \frac{VD}{\nu} \ (\text{무차원})$$

▶ 상류와 사류 : 푸르우드수에 의해 분류

$$\mathrm{Fr} = \frac{V}{\sqrt{gh}}$$

3. 베르누이 정리(에너지방정식)

$$\frac{{V_1}^2}{2g} + \frac{p_1}{\omega} + z_1 = \frac{{V_2}^2}{2g} + \frac{p}{\omega} + z_2 = \mathrm{const}$$

4. 베르누이 정리의 응용

▶ Torricelli의 정리 $V = \sqrt{2gh}$

▶ Pitot tube $V = \sqrt{2gh}$ (동압력 측정기구)

▶ Venturimeter $Q = C\dfrac{A_1A_2}{\sqrt{A_1^2 - A_2^2}}\sqrt{2gh}$

5. 동수경사선 : 기준 수평면에서 위치수두와 압력수두의 합을 연결한 선.

$\left(\dfrac{p}{w} + z\right)$ 에너지선에서 속도수두$\left(= \dfrac{V^2}{2g}\right)$만큼 아래에 위치한다.

6. 운동량 방정식

$$F = \frac{\omega}{g}Q\,(V_2 - V_1)$$

7. 3차원 흐름에 대한 연속방정식

압축성 부정류 : $\frac{\partial \rho}{\partial t} + \frac{\partial \rho u}{\partial x} + \frac{\partial \rho v}{\partial y} + \frac{\partial \rho w}{\partial z} = 0$

압축성 정상류 : $\frac{\partial \rho u}{\partial x} + \frac{\partial \rho v}{\partial y} + \frac{\partial \rho w}{\partial z} = 0$

비압축성 유체 : $\rho = \text{const.}$이므로 $\frac{\partial u}{\partial x} + \frac{\partial v}{\partial y} + \frac{\partial w}{\partial z} = 0(\nabla \cdot \vec{u} = 0)$

8. 항력 $D = C_d A \frac{\rho V^2}{2}$, $C_d = \frac{24}{Re}$

A : 흐름방향 물체의 투영면적(원통형 →$d \times l$, 구체(球体)→$\frac{\pi \times d^2}{4}$)

되집어보기

1. 지름 10cm의 관내를 유량 Q가 $100cm^3/sec$로 흐를 경우 레이놀즈(Reynolds) 수를 구한 값은? (단, 점성계수 μ =0.0123g/cm · sec, 밀도 ρ =$1g/cm^3$이다.)

해설

$$V = \frac{Q}{A} = \frac{4 \times 100}{\pi \times 10^2} = 1.27cm/sec$$

$$\nu = \frac{\mu}{\rho} = \frac{0.0123}{1} = 0.0123cm^2/sec$$

$$\therefore Re = \frac{1.27 \times 10}{0.0123} = 1{,}033$$

2. 유량 $2l/s$의 물이 원관 내에서 층류 상태로 흐를 경우 원관의 지름이 만족해야 할 조건으로 옳은 것은? (단, 물의 동점성 계수는 1.01×10^{-2} cm^2/s임.)

해설

$$Re = \frac{VD}{\nu} = \frac{4Q}{\pi D \nu} \leq 2{,}000 \text{에서}$$

$$\therefore D \geq \frac{4Q}{2{,}000\pi \times \nu} \geq \frac{4 \times 2 \times 10^3}{2{,}000\pi \times 0.0101} \geq 126cm$$

3. 유체가 75mm 직경인 관로를 흘러서 150mm 직경인 큰 관으로 연결되어 유출된다. 75mm 관로에서의 Reynolds 수가 20,000일 때 150mm 관로의 Reynolds 수는?

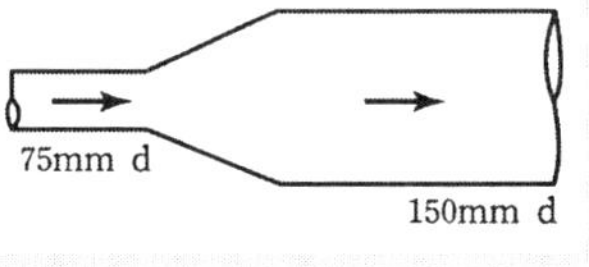

해설

연속방정식 $A_1 V_1 = A_2 V_2$ 에서

$$\frac{\pi \times 75^2}{4} \times V_1 = \frac{\pi \times 150^2}{4} \times V_2 \text{ 이므로 } V_2 = \frac{1}{4} V_1$$

$$Re_1 = \frac{V_1 D_1}{\nu} = 20{,}000 \text{ 이므로}$$

$$Re_2 = \frac{V_2 D_2}{\nu} = \frac{\frac{1}{4} V_1 2 D_1}{\nu} = \frac{1}{2} \frac{V_1 D_1}{\nu} = 10,000$$

4. 아래 그림과 같이 d_1 =1m의 원통형 수조의 측벽에서 내경 10cm의 철관으로 송수할 때에 관내의 평균 유속이 V_2 =2m/sec였다면 이 때의 유량은?

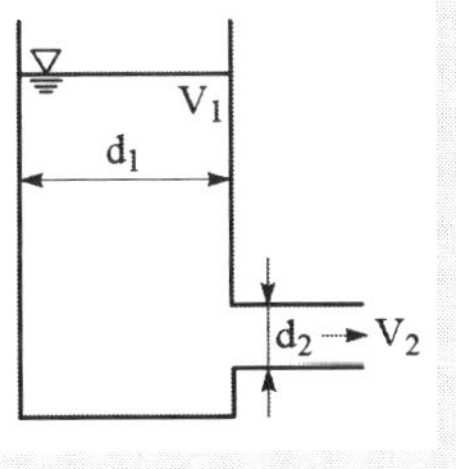

해설

$$Q = AV = \frac{\pi d^2}{4} \times 2 = \frac{\pi \times 0.1^2}{4} \times 2 = 0.0157 m^3/sec$$

5. 직사각형 수로에서 폭 3.2m, 평균유속 1.5m/sec, 유량 12m³/sec라 하면 수로의 수심은 얼마인가?

해설

$Q = AV = b \times h \times V$ 에서

$$h = \frac{Q}{b \times V} = \frac{12}{3.2 \times 1.5} = 2.5m$$

6. 2m×2m×2m인 고가수조에 관로를 통해 유입되는 물의 유입량이 0.15 l/sec일 때 만수가 되기까지 걸리는 시간은 얼마인가? (단, 현재 고가수조의 수심은 0.5m이다.)

해설

$$t = \frac{V}{Q} = \frac{2 \times 2 \times (2 - 0.5)}{0.15 \times 10^{-3}} = 40,000 sec = 11hr\ 6.6min$$

7. 위치수두와 압력수두를 합하여 연결한 선을 무엇이라고 하는가?

해설

동수경사선은 압력수두와 위치수두를 합해 연결한 선이다.

8. 그림과 같이 수평으로 놓은 원평관의 안지름이 A에서 50cm이고 B에서 25cm로 축소되었다가 다시 C에서 50cm로 되었다. 물이 340L/s의 유량으로 흐를 때 A와 B의 압력차($P_A - P_B$)는? (단, 에너지 손실은 무시한다)

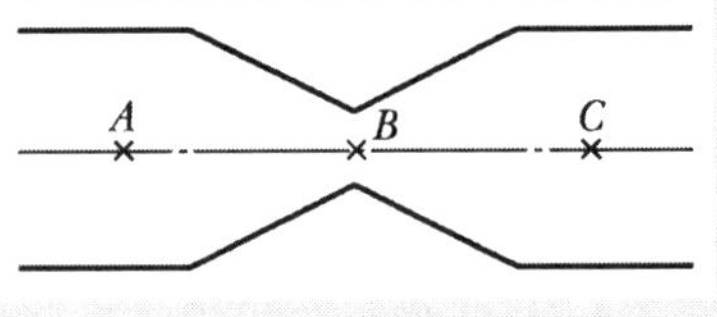

해설

$$V_A = \frac{Q}{A} = \frac{4 \times 340 \times 10^{-3}}{\pi \times 0.5^2} = 1.73\text{m/s} \quad V_B = \frac{Q}{A} = \frac{4 \times 340 \times 10^{-3}}{\pi \times 0.25^2} = 6.93\text{m/s}$$

베르누이 정리에서

$$\frac{p_A}{9,800} + \frac{1.73^2}{19.6} = \frac{p_B}{9,800} + \frac{6.93^2}{19.6}$$

$$\therefore \; p_A - p_B = \frac{6.93^2 - 1.73^2}{19.6} \times 9,800 = 22,516\text{N/m}^2 = 2.25\text{N/cm}^2$$

$$(\because \; 1\text{m}^2 = (10^2\text{cm})^2 = 10^4\text{cm}^2)$$

9. 그림과 같이 수조에서 관을 통하여 물을 분출시킬 때 관에 의한 수두손실이 2m라면 물의 분출속도는? (단, 유속계수는 무시함)

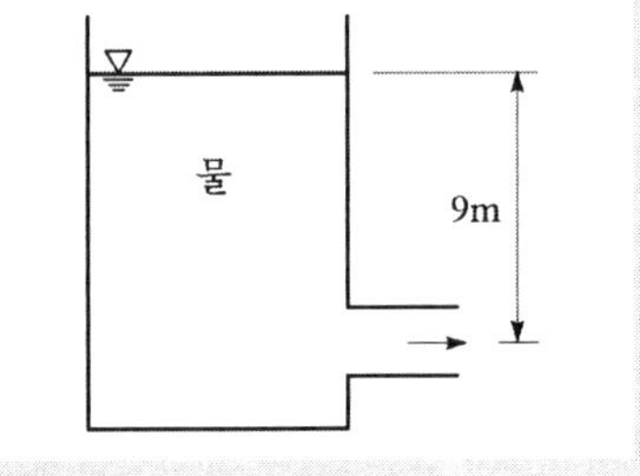

해설

베르누이 정리에서 $9 + 0 + 0 = 0 + 0 + \dfrac{V^2}{2g} + 2$

$\therefore V = \sqrt{2 \times 9.8 \times (9-2)} = 11.71\text{m/sec}$

10. 관내의 그림과 같이 똑바른 유리관 ①과 구부린 유리관 ②를 삽입하였다. 관내의 유속이 2m/sec일 때 ①, ② 유리관 내의 수면의 높이차 H는?

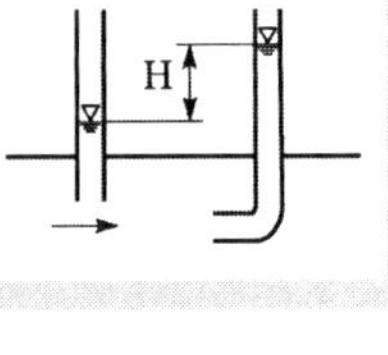

해설

$V = \sqrt{2gH}$ 에서 $2 = \sqrt{2 \times 9.8 \times H}$

$\therefore H = 0.204m = 20.4cm$

11. 그림에서 판 AB에 가해지는 힘은? (단, ρ 는 밀도임)

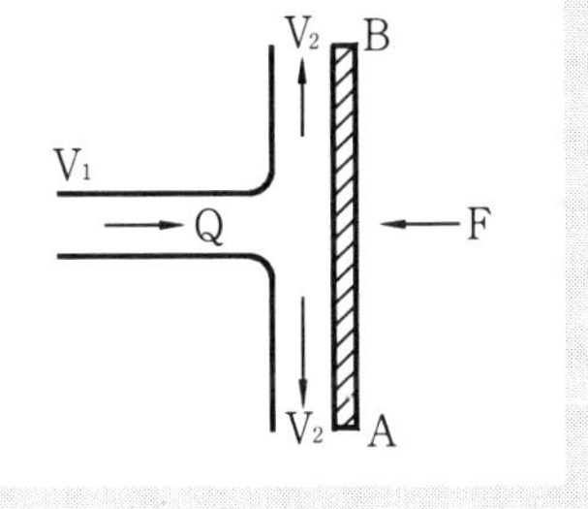

해설

$-F_x = \frac{\omega}{g} Q (V_2 - V_1)$ 에서

$-F_x = \rho Q (0 - V_1) = -\rho Q V_1 \quad \therefore F_x = \rho Q V_1$

12. 폭이 2m, 높이가 9.8m인 평판이 정지수중에서 5m/sec의 속도로 움직일 때 항력계수가 C_D=0.2라면 평판에 작용하는 항력(抗力)은? (단, 무게 1kg=10N)

해설

$$D = C_D A \frac{\rho V^2}{2} = 0.2 \times (2 \times 9.8) \times \frac{\frac{10}{9.8} \times 5^2}{2} = 50 \text{ kN}$$

MEMO

CHAPTER

04 오리피스와 위어

CHAPTER 04

오리피스와 위어

4.1 오리피스 개론

TIP

오리피스의 목적은 유량 측정 및 조절에 있고, 단관은 표준단관의 유량계수를 암기하는 것이 도움이 될 것이다.

1. 오리피스(Orifice) 일반

물통의 측벽 또는 바닥에 구멍을 뚫어서 물을 유출시킬 때 그 유출구를 오리피스(공구 : 孔口, orifice)라 하며, 유량측정 및 조절에 사용된다. 즉, 오리피스는 물탱크, 저수지 등의 측면 또는 저부에 폐주변을 가지며 물이 유출하는 규칙적인 형상의 유출구를 말한다. 오리피스의 크기가 그 중심의 수두 H에 비하여 작으며 오리피스의 상하점의 수두차가 미소하여 같다고 볼 수 있는 오리피스를 작은 오리피스(소공구 : small orifice)라 하고 수두에 비하여 오리피스가 커서 수두변화를 고려해야 하는 오리피스를 큰 오리피스(대공구: large orifice)라고 한다.

또한, 수조의 측벽(연직)에 설치한 것을 연직 오리피스(vertical orifice), 수조의 저면에 설치한 것을 수평 오리피스(horizontal orifice), 분류(jet)가 수중으로 유출할 때를 수중 오리피스(submerged orifice)라고 한다.

오리피스의 형상에는 여러 가지가 있으나 수량측정에 원형이 가장 많고 정사각형도 있다. 그 가장자리는 날카로운 칼날형(예형)을 한 작은 오리피스를 표준 오리피스(standard orifice)라 한다.

2. 단관

오리피스에 짧은 관을 붙인 것을 단관이라고 하며 아래의 표 4.1과 같고 그림 4.1에는 각 단관의 종류가 정리되었다.

예제 4.1

오리피스의 표준단관에서 유속계수가 0.78이었다면 유량계수는?

해설

유량계수 C(유량계수) $= C_a$(수축계수) $\times\ C_v$(유속계수)이고 표준단관일 때는 수축계수 $C_a = 1$이므로 유속계수와 유량계수는 같다.

표 4.1 단관의 종류

구분	해설
표준단관	관의 길이가 오리피스 직경의 2~3배이고 이 때의 수축계수 $C_a = 1$이고 보통 유량계수 $C = 0.82$이다.
Borda 단관	단관의 길이가 직경의 1/2이며 수축계수 $C_a = 0.52$, 유속계수 $C_v = 0.98$, 유량계수 $C = 0.51$이다.
Bell mouth	단관의 모양이 곡선형태이며, 일반적으로 수축계수 $C_a = 1$, 유속계수 $C_v = 0.98$, 유량계수 $C = 0.98$이다.
수축단관	θ에 따라 유량계수가 변하지만 유량의 감소는 매우 적다. θ가 25°이면 $C = 0.91$이다.

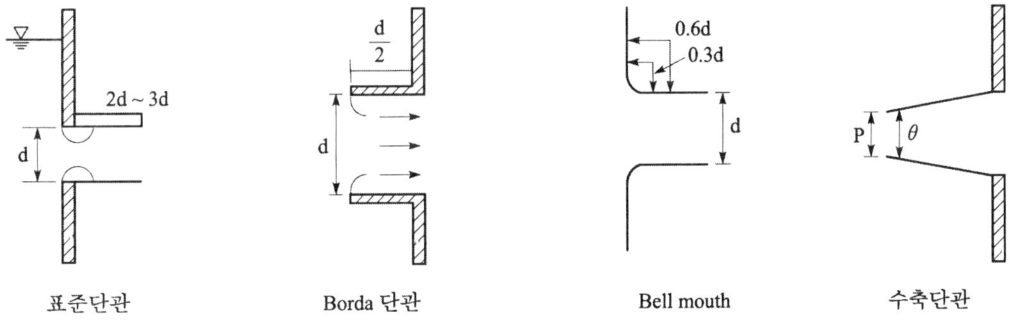

그림 4.1 단관의 종류

4.2 오리피스 유량계산

TIP

각각의 오리피스에 적용되는 공식들을 잘 구별하여 적용할 수 있어야 하며 유량오차와 수두오차와의 관계는 반드시 암기하도록 한다.

1. 작은 오리피스

수심(H)에 비해 직경(d)이 작은 오리피스(H > 5 d)로 여기서, H = 수면에서 오리피스 중심까지의 수두, d = 오리피스 직경 또는 높이이다. 오리피스에서 사출하는 분류는 그림 4.2와 같이 하나의 유선을 따라 유출한다. 즉 유출수의 단면은 한 번 수축하지만 그것이 다시 확대되어 낙하한다. 그 가장 축소한 단면을 vena contracta(축류부)라 하고 원형 오리피스의 축류부는 오리피스로 부터 오리피스 직경의 d /2되는 점에 생기게 된다. 이와 같이 작은 오리피스에서 발생하는 현상을 정리하면 다음과 같다.

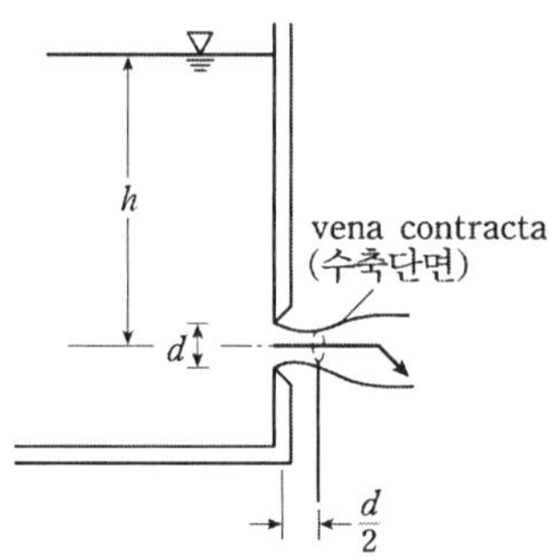

그림 4.2 작은 오리피스

(1) vena contracta(수축단면)

원형 단면 오리피스에서 오리피스 내측면으로부터 d/2가 되는 위치에서 수류(물줄기)가 최소 단면적이 되는 부분으로 오리피스 유출수맥에서 발생한다.

(2) 수축계수(coefficient of contraction :C_a)

오리피스 단면적에 대한 수축단면적의 비로 다음과 같이 나타낸다.

$$C_a = \frac{a}{A}(=0.6 \sim 0.7)$$

여기서, a = 수축단면(vena contracta)의 단면적, A = 오리피스 단면적

(3) 유속계수(coefficient of velocity : C_v)

유속은 이론적인 유속과 실제유속이 있으며, 유속계수는 다음과 같이 이들의 비로 나타낸다.

$$\text{이론유속 } V = \sqrt{2gH},$$
$$\text{실제유속} V_t = C_v\sqrt{2gH}$$
$$\therefore C_v = \frac{\text{실제유속}}{\text{이론유속}}$$

(4) 작은 오리피스의 유속과 유량

작은 오리피스는 구형(직사각형)과 원형 두 가지가 있으며 유속과 유량은 다음과 같은 식으로 산정한다.

$$V = C_v\sqrt{2gH}$$
$$Q = a \cdot V = C_a A \times C_v\sqrt{2gH} = CA\sqrt{2gH}$$

여기서, **C(유량계수) = C_a(수축계수) × C_v(유속계수)**

(5) 유량계수(discharge coefficient : C)

유량계수는 다음과 같으므로 유량은 이론유량과 실제유량으로 구분할 수 있다.

$$C = C_a C_v = \frac{a}{A}C_v$$
$$\text{이론 유량 } Q = a \cdot \sqrt{2gH}$$
$$\text{실제 유량 } Q_t = a \cdot V_t = C_a A \times C_v\sqrt{2gH} = CA\sqrt{2gH}$$

예제 4.2

수심 5m인 곳에 직경 4cm의 원형 오리피스가 있다. 이 오리피스의 유량은? (단, C = 0.60)

해설

H > 5d → 작은 오리피스

$$\therefore Q = CA\sqrt{2gH} = 0.6 \times \frac{\pi \times 4^2}{4} \times \sqrt{1,960 \times 500} = 7,464\text{cm}^3/\text{s} = 7.464l/\text{s}$$

예제 4.3

오리피스의 직경이 5cm, 수두가 5m이고 유량이 5000cm³/sec이라면 이 오리피스의 유량 계수는?

해설

$Q = CA\sqrt{2gH}$ 에서

$$5000 = C \times \frac{\pi \times 5^2}{4} \times \sqrt{1,960 \times 500} \qquad \therefore C = 0.257$$

(6) 오리피스 수두오차와 유량오차와의 관계

오리피스에서 수두측정에 오차가 발생하면 유량에 미치는 오차는 어느 정도인지를 산정하기 위하여 유량을 나타내는 식을 미분하여 산정한다. 즉, $Q = CA\sqrt{2gH}$ 를 H에 대하여 미분하면 다음과 같다.

$$\frac{dQ}{dH} = CA\sqrt{2g}\,\frac{1}{2}H^{-\frac{1}{2}}$$

이를 유량 Q로 나누면 다음과 같다.

$$\frac{dQ}{Q} = \frac{CA\sqrt{2g}\,\frac{1}{2}H^{-\frac{1}{2}}dH}{CA\sqrt{2gH}} = \frac{1}{2}\frac{dH}{H}$$

그러므로 유량오차는 다음과 같이 나타낸다.

$$\frac{dQ}{Q} = \frac{1}{2}\frac{dH}{H}$$

예제 4.4

오리피스의 유량측정에서 수두(H) 측정에 3%의 오차가 생길 경우 유량(Q)에 미치는 오차는?

해설

$$\frac{dQ}{Q} = \frac{1}{2}\frac{dH}{H} = \frac{1}{2} \times 3 = 1.5\%$$

2. 큰 오리피스

수면에서 오리피스 중심까지의 수심(H)에 비해 직경(d)이 큰 오리피스(H < 5d)로 유속계산 시 오리피스 상단과 하단사이의 압력변화를 고려하는 경우에 사용한다.

(1) 직사각형 큰 오리피스 유량

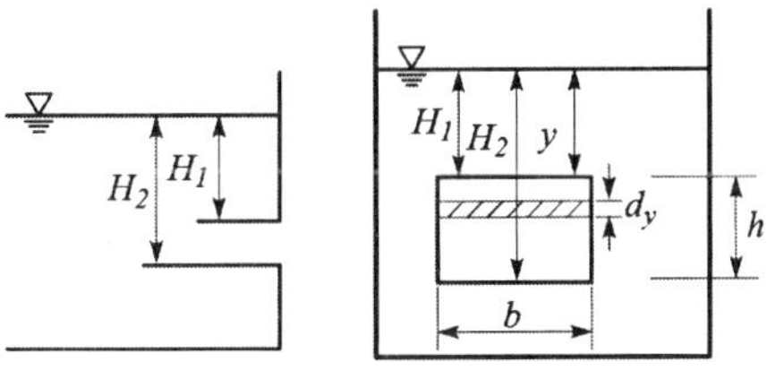

그림 4.3 큰 오리피스

그림 4.3과 같은 구형 큰 오리피스에서 높이 H, 폭 B, 오리피스의 수심이 h_1 에서 h_2 일 때 구형 오리피스에서 유출되는 유속을 v라 하면 다음과 같다.

$$v = \sqrt{2gh}$$

미소면적 dA 를 생각하면 $dA = b \cdot dh$, 미소면적 dA 에서 유출되는 유량 dQ 는 다음과 같다.

$$dQ = v \cdot dA = v \cdot b \cdot dh = \sqrt{2gh} \cdot b \cdot dh$$

윗 식을 h1 에서 h2까지의 한계에 관해서 다음과 같이 적분 할 수 있다.

$$Q = \int_{h_1}^{h_2} v dA = \int_{h_1}^{h_2} \sqrt{2gh} \cdot b \cdot dh = b \cdot \sqrt{2g} \int_{h_1}^{h_2} h^{1/2} dh$$

$$= b \cdot \sqrt{2g} \left[\frac{2}{3} h^{3/2} \right]_{h_1}^{h_2} = \frac{2}{3} b \cdot \sqrt{2g} \cdot \left(h_2^{\frac{3}{2}} - h_1^{\frac{3}{2}} \right)$$

여기에 유량계수 C를 곱하여 다음과 같이 정리된다.

$$Q = \frac{2}{3} b \cdot C \sqrt{2g} \cdot \left(h_2^{\frac{3}{2}} - h_1^{\frac{3}{2}} \right)$$

상기의 식에서 접근 유속(approach velocity, orifice 또는 weir를 향하여 접근하는 물의 평균유속)을 고려하여 접근유속수두(approach velocity head)를 $h_a (= \alpha \frac{V_a^2}{2g})$ 라 하면 다음과 같다.

$$Q = \frac{2}{3} C \cdot b \sqrt{2g} \cdot \left[(h_2 + h_a)^{\frac{3}{2}} - (h_1 + h_a)^{\frac{3}{2}} \right]$$

이러한 경우의 유량계수 C 의 값은 0.59~0.62 정도이며 C = 0.62라 하면 다음과 같은 상수로 정리된다.

$$\frac{2}{3} C \sqrt{2g} = \frac{2}{3} \times 0.62 \times \sqrt{2 \times 9.8} = 1.83$$

그러므로 큰오리피스의 유출량은 다음과 같다.

$$Q = 1.83 \cdot b\ (h_2^{\frac{3}{2}} - h_1^{\frac{3}{2}})$$

그리고 접근유속을 고려한 유출량느 다음과 같다.

$$Q = 1.83 \cdot b[(h_2 + h_a)^{\frac{3}{2}} - (h_1 + h_a)^{\frac{3}{2}}]$$

큰 오리피스의 유량을 구하는 데 있어서 작은 오리피스 식을 쓰는 것은 합리적이 아니나 오리피스의 크기가 그다지 크지 않으면 근사적으로 다음과 같은 작은 오리피스식을 적용하는 경우도 있다.

$$Q = C \cdot a\sqrt{2gh} = C \cdot bh\sqrt{2gh}$$

예제 4.5

그림과 같은 구형의 큰 오리피스의 유량은 얼마인가? (단, C = 0.62이고 접근유속은 무시한다.)

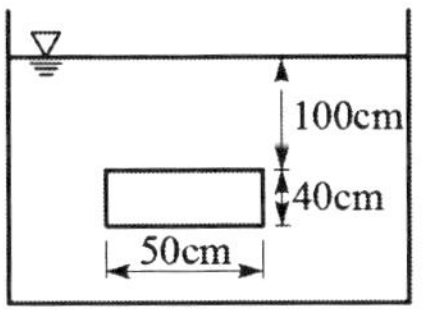

해설

$$Q = \frac{2}{3} C b \sqrt{2g}\ (H_2{}^{3/2} - H_1{}^{3/2}) = \frac{2}{3} \times 0.62 \times 0.5 \times \sqrt{19.6}\ (1.4^{3/2} - 1^{3/2})$$

$$= 0.601 m^3/sec$$

(2) 원형 큰 오리피스 유량(H < 5d)

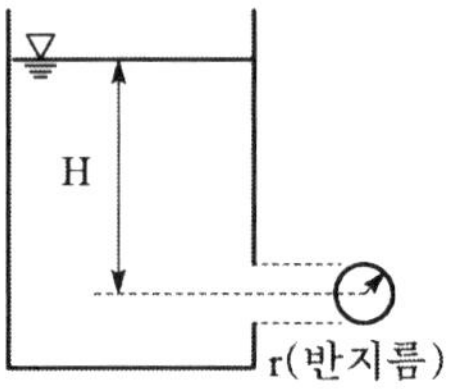

그림 4.4 원형 오리피스

그림 4.4와 같이 수심 H 의 위치에 반경 r 을 갖는 원형 큰 오리피스에서 유출하는 유량 Q 는 다음과 같은 무한급수 식에 의하여 구한다.

$$Q = C\pi r^2 \sqrt{2gh}\,[1-\frac{1}{32}(\frac{r}{H})^2-\frac{5}{1024}(\frac{r}{H})^4\cdots\cdots]$$

상기의 식에서 $(\frac{r}{H})^4$항 이하를 무시하면 다음과 같다.

$$Q = C\pi r^2 \sqrt{2gh}\,[1-\frac{1}{32}(\frac{r}{H})^2]$$

여기에서 $[1-\frac{1}{32}(\frac{r}{H})^2-\frac{5}{1024}(\frac{r}{H})^4] = K$ 라 하면 다음과 같다.

$$Q = KCA\sqrt{2gH}$$

3. 수중 오리피스

수조 또는 수로 등에서 수중에 묻혀 물이 흘러 나가는 오리피스를 수중 오리피스라 부르고 그 전부가 수중에 잠긴 것을 완전수중 오리피스(completely submerged orifice), 그 일부가 수중에 있는 것을 불완전 수중 오리피스(partially submerged orifice)라고 한다.

(1) 완전 수중 오리피스

그림 4.5와 같이 유출수가 모두 수중으로 유출될 때를 완전 수중 오리피스라 한다. 유속과 유량은 다음과 같이 나타낸다.

$$V = C_v \sqrt{2gH}$$

$$Q = CA\sqrt{2g(H_1 - H_2)} = CA\sqrt{2gH}$$

여기서, H : 양 수조의 수면차($= H_1 - H_2$)

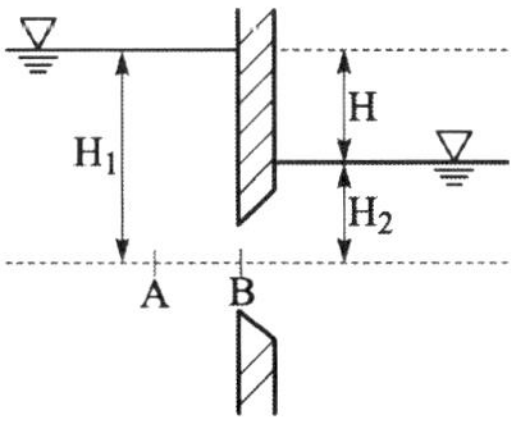

그림 4.5 완전 수중 오리피스

예제 4.6

그림과 같은 수중 오리피스에서 단면적이 50cm²일 때 유출량은? (단, 유량계수 C = 0.62임)

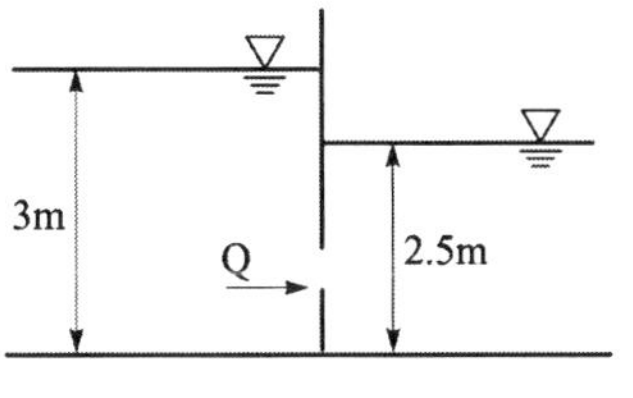

해설

$$Q = CA\sqrt{2g(H_1 - H_2)} = 0.62 \times 50 \times \sqrt{1{,}960 \times (300 - 250)}$$

$$= 9{,}704.5\text{cm}^3/\text{s} = 9.7\text{l}/\text{s}$$

(2) 불완전 수중 오리피스

그림 4.6과 같이 유출수의 일부가 수중에 있는 것을 불완전 수중 오리피스라 한다. Q_1은 구형 큰 오리피스로 Q_2는 완전수중 오리피스로 취급하여 유량을 구한다.

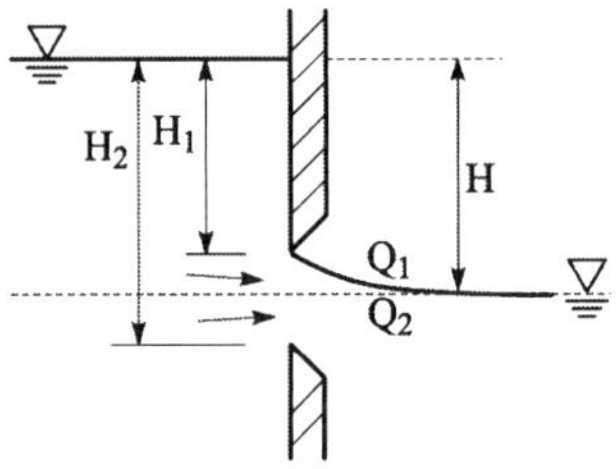

그림 4.6 불완전 수중 오리피스

$$Q = Q_1 + Q_2$$
$$= \frac{2}{3} C_1 b \sqrt{2g} \left[(H + H_a)^{3/2} - (H_1 + H_a)^{3/2}\right] + C_2 b (H_2 - H) \sqrt{2g(H + H_a)}$$

(3) 수문(Sluice gate)

유량을 조절하기 위해 수로에 설치한 수문(gate)으로 오리피스이론으로 산정한다. 즉, 하천이나 수로에 물을 취입시키기 위하여 조절하는 설비를 수문(sluice)이라 부른다. 수문에서 유출하는 흐름의 상태는 상류, 하류의 수위차, 수문의 종류(sluice gate, tainter gate, rolling gate)등에 따라 달라진다.

① 자유유출 : 수문에서 유출된 물의 수심이 점점 감소하다가 일정한 수심으로 흐르는 상태의 유출로 그림 4.7과 같고 유량은 다음의 식으로 산정한다.

$$Q = C b H_d \sqrt{2g (H_1 - H_d)} = C A \sqrt{2 g H}$$

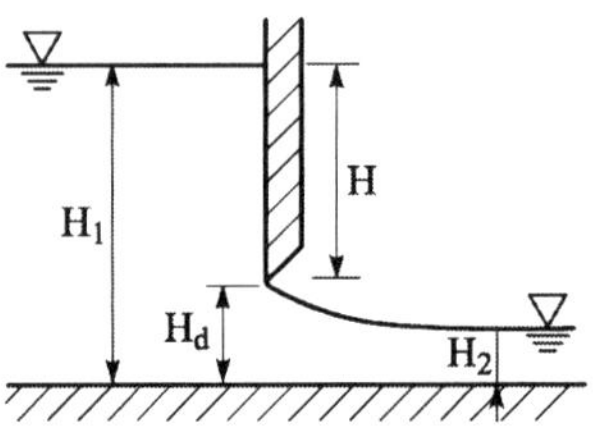

그림 4.7 자유유출 수문

예제 4.7

다음 그림의 조건에서 단위폭당의 유량 Q는? (단, 손실은 무시한다.)

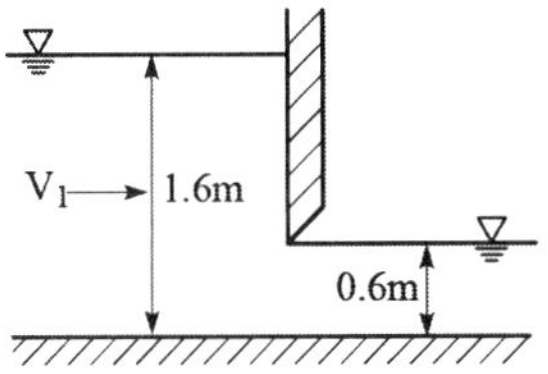

해설

$$Q = CA\sqrt{2gH}$$
$$= 1 \times (1 \times 0.6) \times \sqrt{19.6 \times (1.5 - 0.6)} = 2.52\ m^3/s$$

② 수중유출 : 그림 4.8과 같이 수문의 개방 높이(H_d)보다 하류측 수심(H_2)이 더 큰 상태의 유출을 말하며, 수중오리피스와 동일하며 유량은 다음의 식으로 산정한다.

$$Q = CbH_d\sqrt{2g(H_1 - H_2)} = CA\sqrt{2gH}$$

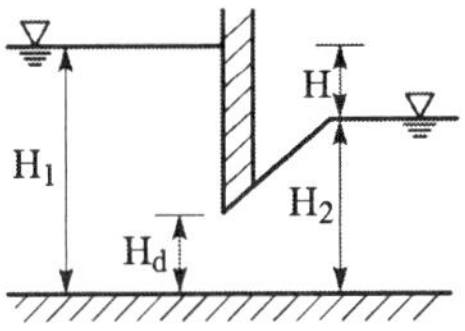

그림 4.8 수중유출 수문

예제 4.8

그림과 같이 폭이 4m인 수문이 $d = 2M$ 만큼 열려있을 때 상류수심 $h_1 = 4m$, 하류수심 $h_2 = 3m$, 유량계수 $C = 0.6$이면 수문을 통과하는 유량은?

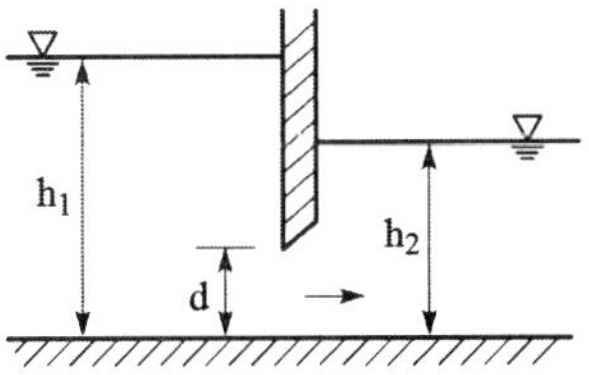

해설

$$Q = CA\sqrt{2gH}$$
$$= 0.6 \times (4 \times 2) \times \sqrt{19.6 \times (4-3)} = 21.25\mathrm{m^3/s}$$

4. 노즐과 분수

(1) 노즐의 사출수량

물을 사출할 수 있도록 호스 선단에 붙인 점축소관을 노즐이라 하고 사출된 흐름을 Jet라 하며 분무기, 소화통, 펌프 등에 쓰인다.

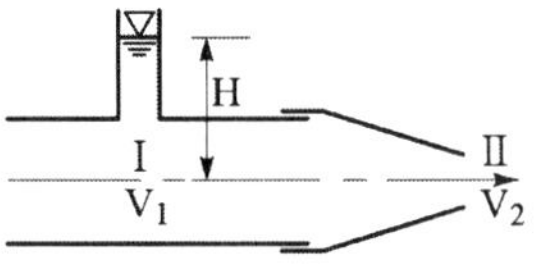

그림 4.9 노즐

그림 4.9와 같은 노즐에 베르누이의 정리를 적용시켜 유속을 구하면 다음과 같다.

$$\frac{V^2}{2g} + \frac{P_1}{w_o} + z_1 = \frac{v^2}{2g} + \frac{P_2}{w_o} + z_2$$
$$\frac{V^2}{2g} + H + 0 = \frac{v^2}{2g} + 0 + 0$$
$$\frac{V^2}{2g} + H = \frac{v^2}{2g}$$
$$\therefore \ v = \sqrt{2g(H + \frac{V^2}{2g})}$$

여기에 유량계수를 고려한 유량은 다음의 식으로 산정한다.

$$\therefore Q = C \cdot a \sqrt{\frac{2gH}{1-\left(C \cdot \frac{a}{A}\right)^2}} = C \cdot a \sqrt{\frac{2gH}{1-C^2\left(\frac{d}{D}\right)^4}}$$

예제 4.9

그림과 같이 내경이 60mm, $H=3\text{m}$ 의 호스에 직경 20mm의 노즐을 붙였다. 이때 유속계수 Cv = 0.98라면 노즐로부터 분류하는 실제 유속은?

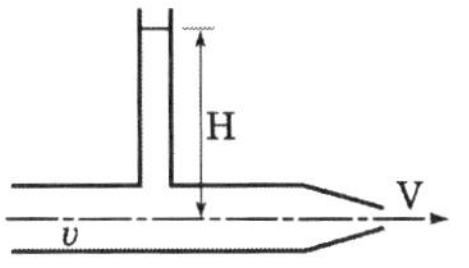

해설

노즐에서의 유속 $V=\sqrt{\dfrac{2gh}{1-\left(\dfrac{d}{D}\right)^4}}=\sqrt{\dfrac{19.6\times 3}{1-\left(\dfrac{2}{6}\right)^4}}=7.56\text{m/s}$

(2) 사출수의 도달거리

노즐에서 사출 되는 분류의 실제유속은 다음과 같은 식으로 구한다.

$$v = C_v\sqrt{\frac{2gH}{1-(\frac{C\cdot a}{A})^2}}$$

그러므로, 노즐을 연직상공으로 향하였을 때 분류가 도달하는 연직높이 H_y 는 다음과 같다.

$$H_y=\frac{v^2}{2g}=\frac{{C_v}^2\cdot H}{1-(\frac{C\cdot a}{A})}$$

사출수의 연직높이는 다음과 같은 식으로 나타낸다.

$$\text{y}=\frac{\text{V}^2}{2\text{g}}\sin^2\theta$$

최대 상승 높이는 α=90°인 경우로 다음과 같다.

$$y_{\max} = \frac{v^2}{2g}$$

또한, 사출수의 수평거리는 다음과 같은 식으로 나타낸다.

$$x = \frac{V^2}{g}\sin 2\theta$$

분류가 지상에 도달하는 위치 즉, 최대 수평 도달 거리는 상기의 식에서 $\sin 2a = 1$ 즉, $a = 45°$ 이므로 다음과 같다.

$$x_{\max} = \frac{v^2}{g}$$

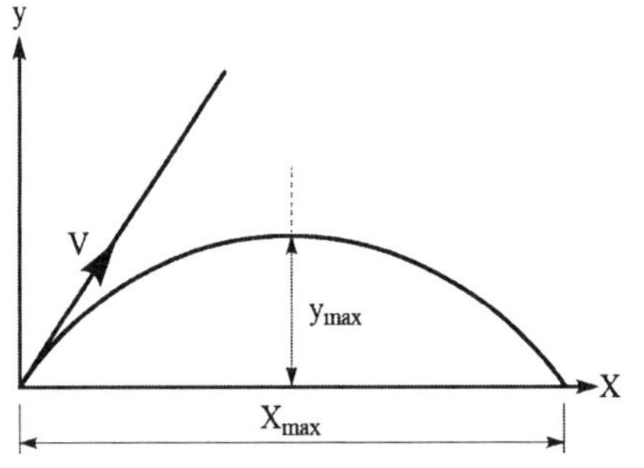

그림 4.10 사출수의 도달거리

예제 4.10

초속 20m/sec, 수평과의 각 60°로 사출된 분수가 도달하는 최대 연직 높이는? (단, 공기 및 기타 저항은 무시한다.)

해설

사출수의 최대연직높이

$$y = \frac{V^2}{2g}\sin^2\theta = \frac{20^2}{19.6}\times \sin^2 60^{\circ} = 15.31\text{m}$$

(3) 분수(유효수두)

그림 4.11과 같이 수조에 관을 연결하여 수조안의 물에 의한 압력으로 분수의 높이는 다음과 같은 식으로 산정한다.

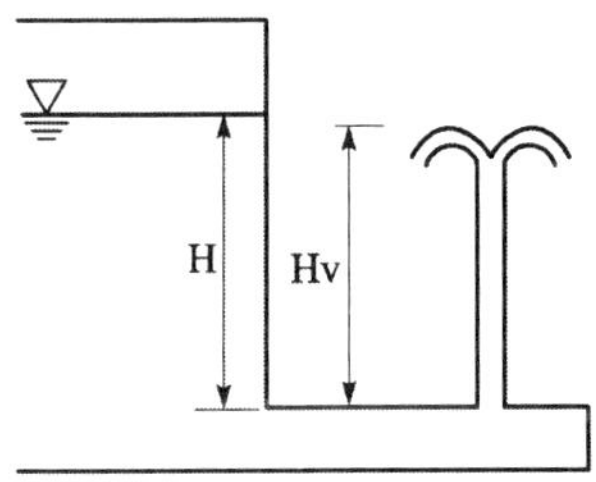

그림 4.11 분수

$$H_v = \frac{V^2}{2g} = \frac{1}{2g}(C_v\sqrt{2gH})^2 = \frac{1}{2g}C^2_{2gH = C_v^2 Hv}$$

$$\therefore H_V = C^2_{HV}$$

분수에서 일어나는 손실수두는 전수두에서 분수의 높이를 뺀 값으로 다음과 같다.

$$h_L = H - H_v = H - C^2_{H = (1 - C_v^2)Hv}$$

$$H = \frac{H_v}{C_v^2} = \frac{1}{C_v^2}\cdot\frac{V^2}{2g}$$

$$\therefore h_L = H - H_v = \frac{V^2}{2g}\left(\frac{1}{C_v^2} - 1\right)$$

5. 오리피스 유출시간

(1) 보통 오리피스의 경우

수조의 물을 오리피스로 유출시키면 처음에는 속도수두가 크므로 유출량이 많았다가 계속 유출함에 따라 수조내의 수위가 낮아져서 수두가 작아지므로, 유출량은 감소되며 수면의 강하도 점차 느리게 된다. 그림 4.12에서 수두가 h_1 에서 h_2 까지 강하하는데 요하는 시간을 구하도록 한다. 임의의 수두 h 일 때 dt 시간 사이에 수두가 dh 만큼 강하했다고 하면 dt 시간에 오리피스로 유출하는 유량 dQ 는

$$dQ = Ca\sqrt{2gh}\cdot dt$$

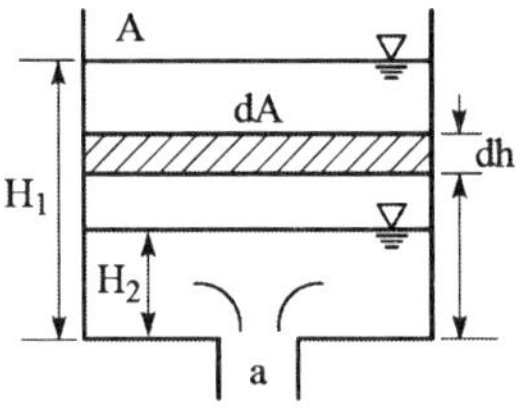

그림 4.12 오리피스 유출시간

수두가 h_1 에서 h_2 까지 강하하는데 요하는 시간 t 는 윗 식을 h_1에서 h_2까지 적분하면 되는데 시간의 단위는 초(sec.)가 된다.

$$t = \int_{h_1}^{h_2}\frac{-A\cdot dh}{C\cdot a\sqrt{2gh}} = \frac{A}{C\cdot a\sqrt{2g}}\int_{h_2}^{h_1}h^{-\frac{1}{2}}dh$$

$$= \frac{A}{C\cdot a\sqrt{2g}}\cdot\frac{h_1^{\frac{1}{2}}-h_2^{\frac{1}{2}}}{\frac{1}{2}} = \frac{2A}{C\cdot a\sqrt{2g}}\cdot[h_1^{\frac{1}{2}}-h_2^{\frac{1}{2}}]$$

완전 배수시간은 $h_2 = 0$ 이므로

$$t = \frac{2A}{C\cdot a\sqrt{2g}}\cdot[h_1^{\frac{1}{2}}]$$

예제 4.11

표면적 3ha인 저수지로부터 수면 아래 3m 깊이에 설치되어 있는 직경 300mm인 관을 이용하여 취수할 때 수위가 10cm 저하되는 데 소요되는 시간은?(단, 통관의 유량계수는 0.82이다.)

해설

소요시간

$$T = \frac{2A}{Ca\sqrt{2g}}({H_1}^{1/2} - {H_2}^{1/2}) = \frac{2\times(3\times10^4)}{0.82\times\frac{\pi\times0.3^2}{4}\times\sqrt{19.6}}(3^{1/2} - 2.9^{1/2})$$

$$= 6{,}806.9\sec = 1.89\text{hr}$$

(2) 수중 오리피스의 경우

두 수조의 평면적이 A_1 , A_2 인 임의의 시각의 수위차 h 에서 수위차 z 가 될 때까지의 요하는 시간 t 를 구하여 본다. 왼편 수조의 수위가 오리피스의 위치에서 임의의 높이 y_1 으로 내려왔을 때 오른쪽 수조의 수위는 y_2 로 올라오며 이 수위차를 y 라고 한다. 이때 극히 미소시간 dt 시간에 오른쪽 수위는 dy_2 만큼 상승하고 왼쪽 수위는 dy_1 만큼 하강한다. 왼쪽 수조에서 오른쪽 수조로 유출되는 단위시간당 유출량을 Q 라고 하면 왼쪽 수조의 수위강하속도는 다음과 같다.

$$\frac{Q}{A_1} = \frac{dy_1}{dt}$$

이와 동시에 오른쪽 수조의 수위상승속도는 다음과 같다.

$$\frac{Q}{A_2} = \frac{dy_2}{dt}$$

그러므로 dt 시간에 수위차 y 가 dy 만큼 감소하였다고 하면 단위시간의 수위차의 감소는 다음과 같다.

$$\frac{dy}{dt} = \frac{dy_1}{dt} + \frac{dy_2}{dt} = \frac{Q}{A_1} + \frac{Q}{A_2} = Q\left[\frac{1}{A_1} + \frac{1}{A_2}\right]$$

수위차이가 y 일 때 유출량 Q 는 다음과 같다.

$$Q = C\,a\,\sqrt{2gy}$$

$$\therefore\ \frac{dy}{dt} = C\,a\,\sqrt{2gy}\left[\frac{1}{A_1} + \frac{1}{A_2}\right]$$

$$\therefore\ dt = \frac{dy}{C\,a\,\sqrt{2gy}\left[\frac{1}{A_1} + \frac{1}{A_2}\right]}$$

그러므로 수위차가 h 에서 z 로 되는데 요하는 시간은 윗 식을 h 에서 z 까지의 한계에 대하여 적분하여 산정되며 시간의 단위는 초(sec.)이다.

$$t = -\int_h^z \frac{dy}{Ca\,\sqrt{2gy}\left[\frac{1}{A_1} + \frac{1}{A_2}\right]} = \frac{1}{Ca\,\sqrt{2g}\left[\frac{1}{A_1} + \frac{1}{A_2}\right]}\int_h^z y^{-\frac{1}{2}}dy$$

$$= \frac{2(h^{\frac{1}{2}} - z^{\frac{1}{2}})}{C\,a\,\sqrt{2g}\left[\frac{1}{A_1} + \frac{1}{A_2}\right]}$$

A_2 가 A_1 에 비해서 넓은 면적일 때는 $\frac{1}{A_2}$ 은 $\frac{1}{A_1}$ 에 비해서 극히 작은 값이기 때문에 생략할 수가 있다. 그러므로 상기의 식은 다음과 같이 된다.

$$t = \frac{2(h^{\frac{1}{2}} - z^{\frac{1}{2}})}{\frac{1}{A_1}\,C\,a\,\sqrt{2g}} = \frac{2A_1(h^{\frac{1}{2}} - z^{\frac{1}{2}})}{C\,a\,\sqrt{2g}}$$

또한, A_1이 A_2에 비해서 넓은 면적일 때는 $\frac{1}{A_1}$은 생략할 수 있으므로

$$t = \frac{2(h^{\frac{1}{2}} - z^{\frac{1}{2}})}{\frac{1}{A_2}\, C\, a\, \sqrt{2g}} = \frac{2A_2(h^{\frac{1}{2}} - z^{\frac{1}{2}})}{C\, a\, \sqrt{2g}}$$

즉, 수중오리피스 배수시간은 다음의 식으로 산정한다.

$$\therefore \mathrm{T} = \frac{2\,\mathrm{A_1 A_2}}{\mathrm{Ca}\,\sqrt{2\mathrm{g}}\,(\mathrm{A_1 + A_2})}\,(\sqrt{\mathrm{H}} - \sqrt{\mathrm{h}})\,(\mathrm{sec})$$

여기서, H : 배수전 수두차, h : 배수후 수위차

두 수조의 수위가 같아지려면, h = 0이 되므로 다음과 같이 정리된다.

$$\therefore \mathrm{T} = \frac{2\,\mathrm{A_1 A_2}}{\mathrm{Ca}\,\sqrt{2\mathrm{g}}\,(\mathrm{A_1 + A_2})}\,\sqrt{\mathrm{H}}\,(\mathrm{sec})$$

예제 4.12

그림과 같은 두 개의 수조($\boldsymbol{A_1} = 2\mathrm{m}^2$, $\boldsymbol{A_2} = 4\mathrm{m}^2$)를 한 변의 길이가 10cm인 정사각형 단면($\boldsymbol{a_1}$)의 Orifice로 연결하여 물을 유출시킬 때 두 수조의 수면이 같아지려면 얼마의 시간이 걸리는가?(단, $\boldsymbol{h_1} = 5\mathrm{m}$, $\boldsymbol{h_2} = 3\mathrm{m}$, 유량계수 $\boldsymbol{C} = 0.62$ 이다.)

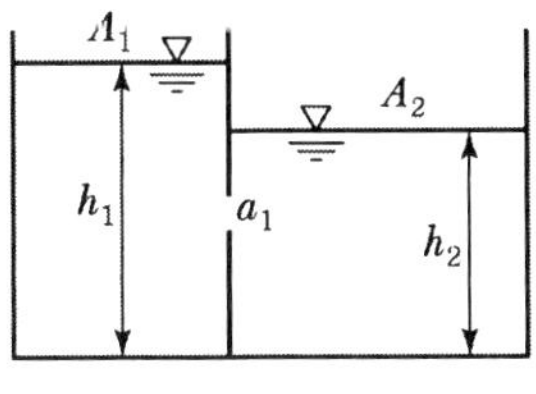

해설

오리피스 유출시간

$$T = \frac{2A_1A_2}{Ca\sqrt{2g}(A_1+A_2)}H_1^{1/2} = \frac{2\times2\times4}{0.62\times0.1^2\times\sqrt{19.6}\times(2+4)}\times2^{1/2}$$

$= 137.4$ 초

4.3 위어 개론

TIP

위어의 사용목적, 가정 조건과 수맥의 수축에 대한 정의 및 종류를 숙지하고 있어야 한다.

위어(Weir)는 유량 측정장치로서, 사용목적으로는 유량측정, 취수를 위한 수위증가, 분수, 홍수가 도로를 범람시키는 것을 방지하는 것 등이 있다. 즉, 수로를 횡단하여 설치한 장벽 위를 물이 월류(over flow)할 때 그 장벽을 위어(Weir)라 부른다. 이 장벽의 일부를 규칙적인 형상으로 따내어 물을 월류 하도록 한 것을 결구(notch)라 하는데 이것도 위어의 일종이다. 위어에서 월류한 물의 얇은 층을 수맥(nappe)이라 하며, 물이 월류하는 면을 위어정, 또는 언정(crest of weir)이라고 부르며 위어정(crest)이 아주 날카롭다든가 또는 결구의 두께가 월류수심에 비해서 극히 얇을 경우에 이것을 예형위어(sharp edged weir, sharp crested weir) 또는 예연위어라 부르고 수량의 측정에 사용된다.

위어를 월류하는 수맥은 표준 오리피스에서와 같이 하면이 수축한다. 또 결구의 경우에 양변이 예연이면 역시 수맥의 단면이 수축한다. 하면이 수축하는 것을 정변 수축(crest contraction), 양변이 수축하는 것을 측면수축 (endcontraction)이라 한다.

위어의 종류는 결구의 형상에 따라 구형 위어(rectangular weir), 삼각위어(triangular or V-notched weir), 사다리꼴 위어(trapzoidal weir), 포물선 위어(para-bolic weir), 광정위어(broad crested weir) 등이 있으며 이들 위어의 보편적인 사용목적은 다음과 같다.

① 유량 측정 및 조절
② 취수를 위한 수위증가
③ 분수

위어를 월류하는 수맥은 공기중을 자유롭게 낙하하며 수맥의 상하면을 대기에 접하며 동일 기압으로 공기의 유통이 자유로워진다. 이러한 월류를 완전월류라 하고 그 수맥을 완전수맥(complet nappe)이라 한다.

1. 가정조건

(1) 수로내의 유속분포는 균일하다.

(2) 위어 마루를 지나가는 모든 물입자는 수평방향으로만 운동한다.

(3) 물의 점성, 흐트러짐, 2차 흐름 및 표면장력의 영향은 무시한다.

(4) 수맥(nappe)의 합은 동수압을 따른다.

2. 위어 일반

(1) 노치(notch)

① 월류하는 물의 폭이 수로폭보다 작은 위어를 말한다.

② 형상에 따라 사각형, 삼각형, 사다리꼴, 포물선 위어 등이 있다.

③ 위어의 마루부(weir crest)에 의해 예연(칼날형) 또는 광정 위어로 구분한다.

④ 그 외 원통, 나팔형, 옆물넘이동 weir 등이 있다.

(2) 수맥 : 위어를 월류하는 흐름

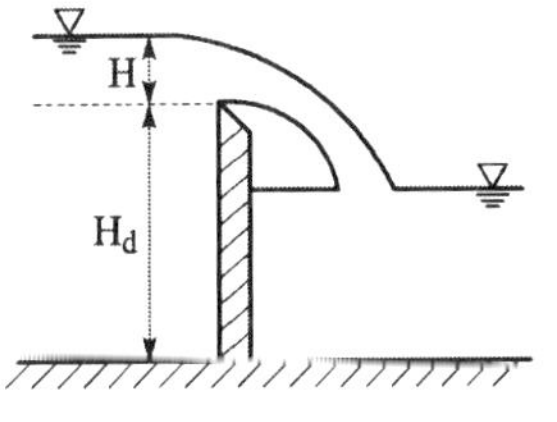

그림 4.13 수맥

(3) 수맥의 수축

위어의 수축은 표 4.2에 정리되었다.

표 4.2 위어의 수축

구분	해설
정수축	notch의 끝이 예리해서 생기는 수축으로 예연(銳緣)위어의 마루부에서 일어난다.
단수축	weir의 측벽에 의해 월류폭이 수축하는 현상.
면수축	수면이 강하하면서 생기는 수축 접근유속으로 인하여 일어나는 수축 수평한 위어의 마루부에서 일어나는 수축
완전수축	정수축 + 단수축
연직수축	정수축 + 면수축

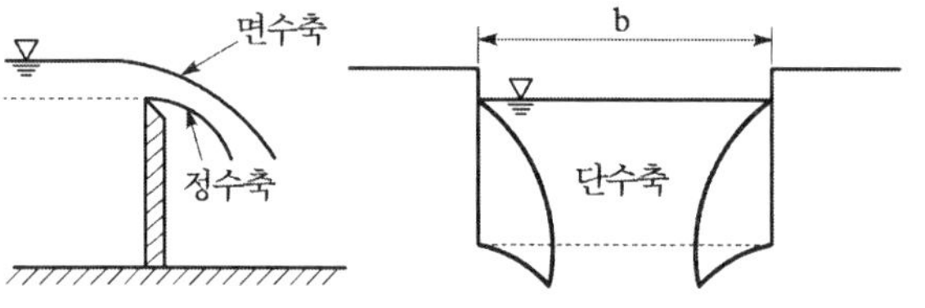

그림 4.14 수맥의 수축

예제 4.13

예연 위어의 마루부에서 어떠한 수축이 발생하는가?

해설

정수축은 Notch의 끝이 예리해서 생기는 수축으로 예연(銳緣) 위어의 마루부에서 일어난다.

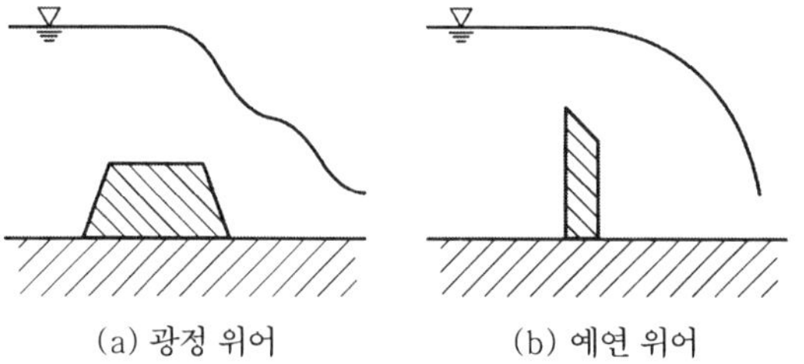

그림 4.15 광정위어 및 예연위어

(4) 수 두

▶ 월류수심의 측정

위어 앞 3h 이상에서 측정하고, 보통 5h – 10h 정도에서 측정한다.

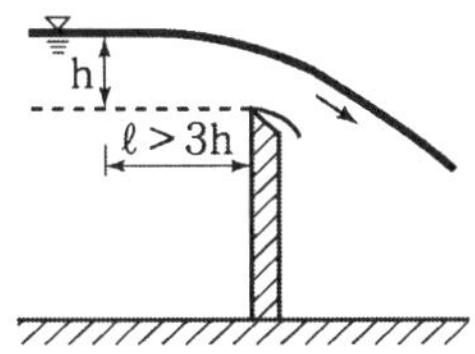

그림 4.16 위어 월류 수심의 측정

4.4 위어 유량계산

TIP

각 형상별 위어의 유량공식을 숙지암기하고 있어야 하며 특히 Francis 공식과 유량 오차와 수두 오차와의 관계는 매우 중요하다.

1. 사각형(구형) 위어

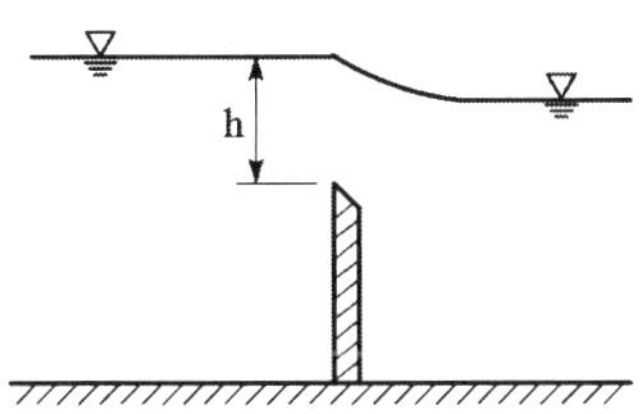

그림 4.17 사각형 위어

(1) 일반 산정 공식

구형위어는 구형 오리피스에서 상변이 수면에 일치한 상태와 같으므로 구형 큰 오리피스 공식으로부터 산정할 수 있다.

$$Q = \frac{2}{3} C \cdot b \sqrt{2g} \cdot (h_2^{\frac{3}{2}} - h_1^{\frac{3}{2}})$$

상기의 식에 접근유속수두 h_a를 고려하면 다음과 같다.

$$Q = \frac{2}{3} C \cdot b \sqrt{2g} \cdot [(h_2 + h_a)^{\frac{3}{2}} - (h_1 + h_a)^{\frac{3}{2}}]$$

접근유속을 v_a 라고 하면 접근유속수두는 다음과 같다.

$$h_a = \frac{v_{a^2}}{2g}$$

구형 위어에서 $h_1 = 0$이므로 다음과 같이 정리된다.

$$Q = \frac{2}{3} C \cdot b \sqrt{2g} \cdot [(h_2 + h_a)^{\frac{3}{2}} - h_a^{\frac{3}{2}}]$$

상기의 식에서 h_2 대신에 h 를 사용하면 다음과 같다.

$$Q = \frac{2}{3} C \cdot b \sqrt{2g} \cdot [(h + h_a)^{\frac{3}{2}} - h_a^{\frac{3}{2}}]$$

여기에서 접근유속수두를 무시하면 다음과 같은 구형위어의 유량을 산정하는 식이 된다.

$$Q = \frac{2}{3} C \cdot b \sqrt{2g}\ h^{\frac{3}{2}}$$

여기에서 C는 유량계수로서 월류수심 h 및 위어의 형상에 따라서 다르며 구형 예형위어에서는 대략 0.6~0.66이고, 보통 0.63으로 하며 $\frac{2}{3}\mathrm{C}\ \sqrt{2\mathrm{g}}$ 를 위어계수라 한다.

예제 4.14

구형 단면 위어에서의 위어 폭 4m, 위어 높이 0.5m 월류 수심이 0.8m일 때 월류량은? (단, C = 0.62이다.)

해설

$$Q = \frac{2}{3}Cb\sqrt{2g}\,h^{3/2} = \frac{2}{3}\times 0.62\times 4\times\sqrt{19.6}\times 0.8^{3/2} = 5.24m^3/sec$$

(2) Francis 유량 산정공식(실험공식)

수축에 의한 유량감소를 고려한 식 (C = 0.623)으로 가정하면 나음과 같다.

$$Q = 1.84b_0h^{3/2} = 1.84(b-0.1nh)h^{3/2}$$

접근유속을 고려할 경우에는 다음과 같다.

$$Q = 1.84(b-0.1nh)(h+h_a)^{3/2}$$

여기서, weir 계수: $\frac{2}{3}C\sqrt{2g} = \frac{2}{3}\times 0.623\times\sqrt{2g} = 1.84$이고, 접근유속수두 $h_a = \alpha\frac{V_a^2}{2g}$,

n = 단수축 수(양단이면 2, 일단이면 1, 수축이 없으면(전폭 weir) 0)으로 그림4.18과 같다.

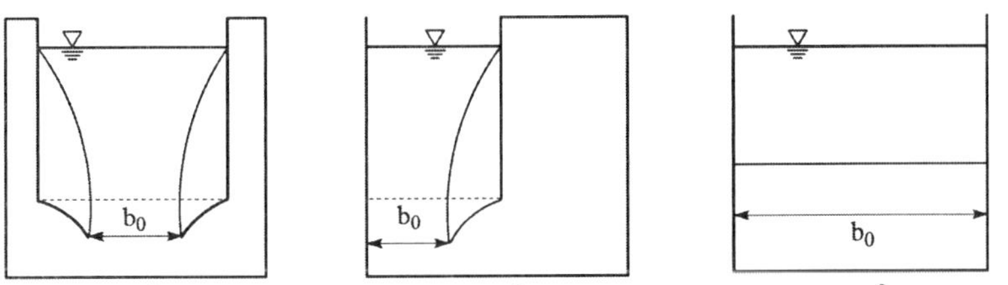

그림 4.18 단수축의 형태

예제 4.15

완전 수축을 한 폭 2m 월류수심 40cm 구형보의 유출량을 Francis 공식에 의해서 구한 값 중 옳은 것은? (단, 양단 수축임)

해설

$$Q = 1.84\times(2-0.1\times 2\times 0.4)\times 0.4^{3/2} = 0.894m^3/sec$$

예제 4.16

그림과 같은 직사각형 위어(Weir)의 유량(월류량)을 프란시스(Francis)의 공식에 의하여 구한 값은? (단, 양단수축이며, 접근유속은 무시한다.)

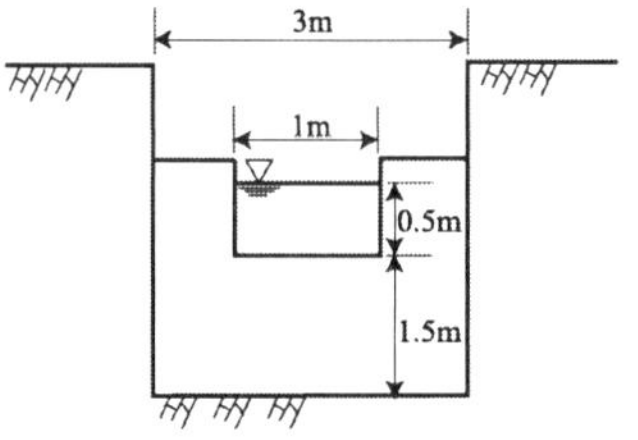

해설

유량 $Q = 1.84 \times (1 - 0.1 \times 2 \times 0.5) \times 0.5^{3/2} = 0.585\ \mathrm{m^3/sec}$

구형위어의 유량오차는 오리피스의 경우와 같이 미분을 통하여 산정한다. 프란시스 공식 $Q = 1.84(b - 0.1nh)h^{3/2}$ 이므로 다음과 같이 미분하면 수두오차의 1.5배임을 알 수 있으며, 위어의 폭에는 비례함을 알 수 있다.

$$\frac{dQ}{Q} = \frac{3}{2}\frac{dH}{H} = 1.5\frac{dH}{H}$$

$$\frac{dQ}{Q} = \frac{db}{b}$$

예제 4.17

직사각형 위어에서 위어의 월류수두 h에 2%의 측정 오차가 생기면 유량에는 몇 %의 오차가 생기겠는가?

해설

$$\frac{dQ}{Q} = \frac{3}{2}\frac{dH}{H} = \frac{3}{2} \times 2 = 3\%$$

2. 삼각형 위어

삼각형위어는 보통 이등변 삼각형의 형태이고, 정확한 유량측정이 필요할 때 많이 사용된다. 즉, 위어의 정면이 정점을 저부로 하는 이등변 삼각형을 이루는 것을 삼각형위어라고 한다. 삼각형위어는 소유량에 대해서도 월류수심이 있어 이것을 정확히 측정할 수 있으므로 소유량의 측정에 가장 많이 사용되며 보통 삼각형위어는 이등변 삼각형이고 실제로 많이 사용되는 것은 θ=90°인 직각 삼각형위어이다. 삼각형위어의 유량산정식은 삼각형의 도형성질을 고려한 후 적분을 통하여 다음과 같이 나타낸다.

$$\therefore Q = \frac{8}{15} C \tan\frac{\theta}{2} \sqrt{2g}\, h^{5/2}$$

직각 삼각웨어에서는 $\theta = 90^\circ$ 라 하면 $\tan\frac{\theta}{2} = \tan 45^\circ = 1$ 이므로

$$Q = \frac{8}{15} C \sqrt{2g}\, h^{\frac{5}{2}}$$

Tomson은 큰 직각 삼각 웨어에 대하여 $C = 0.593$으로 하고 있다. 이를 상기의 식에 대입하면 다음과 같이 간편하게 정리된다.

$$Q = \frac{8}{15} \times 0.593 \times \sqrt{2 \times 9.8} \times h^{\frac{5}{2}} \fallingdotseq 1.40\, h^{\frac{5}{2}}$$

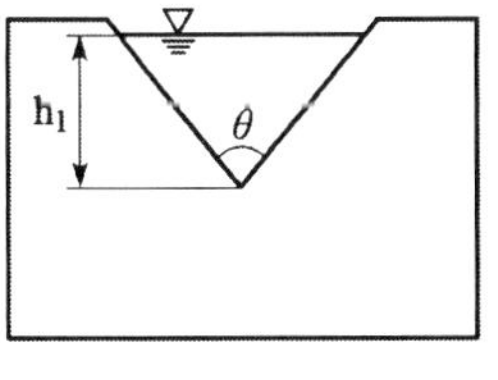

그림 4.19 삼각형 위어

예제 4.18

그림과 같은 삼각 위어에서 유량은? (단, 유량계수 $C = 0.62$이다.)

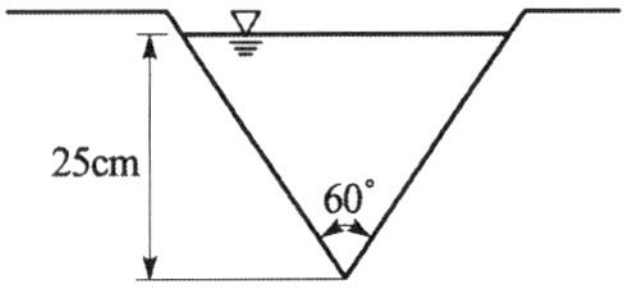

해설

$$Q = \frac{8}{15} C \tan\frac{\theta}{2} \sqrt{2g}\, h^{5/2} =$$

$$\frac{8}{15} \times 0.62 \times \tan\frac{60^{o}}{2} \times \sqrt{19.6} \times 0.25^{5/2} = 0.0264 \text{ m}^3/\text{sec}$$

삼각형위어의 유량오차는 구형위어와 동일하게 미분을 통하여 산정한다.

$$\frac{dQ}{Q} = \frac{5}{2}\frac{dH}{H} = 2.5\frac{dH}{H}$$

수두측정 오차가 유량에 미치는 영향이 가장 큰 위어는 삼각형위어이며, 오리피스 : 사각형 위어 : 삼각형 위어의 유량오차(%)비는 1 : 3 : 5 이다.

예제 4.19

직각삼각형 예연 Weir의 월류량이 18.6 l/sec일 때 월류수심이 18.6cm이었다. 이 때의 유량계수는?

해설

$$18.6 \times 10^3 = \frac{8}{15} \times C \times \tan\frac{90^{o}}{2} \times \sqrt{1.960} \times 18.6^{5/2} \text{에서}$$

$$\therefore C = 0.528$$

예제 4.20

3각 위어(weir)에서 월류 수심을 측정할 때 2%의 오차가 있었다면 유량에는 얼마의 오차가 생길 것인가?

해설

$$\frac{dQ}{Q} = \frac{5}{2}\frac{dH}{H} = \frac{5}{2} \times 2\% = 5\%$$

3. 제형(사다리꼴) 위어

(1) 사다리꼴위어의 유량을 산정하는 식은 그림 4.20에서 폭이 b이고 월류수심이 h인 사각형 위어의 유량산정 식에 폭이 (B−b)이고 각이 θ 인 삼각형위어의 유량산정식을 합하여 다음과 같이 산정한다.

$$\therefore Q = Q_1 + Q_2 = \frac{2}{3} C_1 b \sqrt{2g}\, h^{\frac{3}{2}} + \frac{8}{15} C_2 \tan\frac{\theta}{2} \sqrt{2g}\, h^{\frac{5}{2}}$$

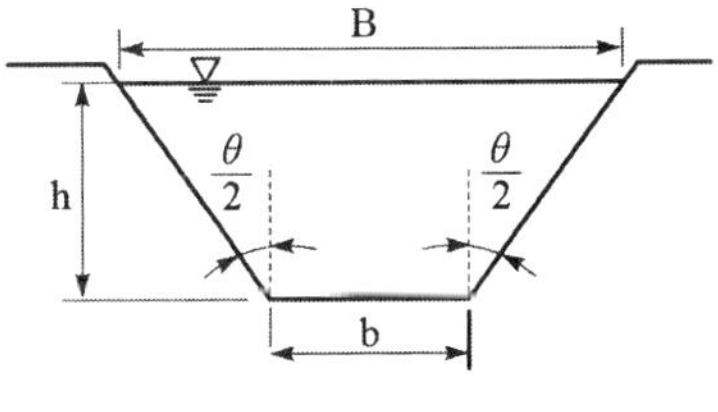

그림 4.20 제형위어

(2) 치폴레티(Cippoletti) 위어

그림과 같이 사다리꼴 위어에서 $\tan\frac{\theta}{2} = \frac{1}{4}$ 인 위어를 치폴레티 위어라 한다. 즉 치폴레티(Cippoletti)는 $\tan\theta = \frac{1}{4}(\frac{b_2}{h} = \frac{b_1}{4})$이고, 양단수축($n = 2$)이 있는 제형웨어의 유량은 유효폭이 b_1 인구형웨어의 단수축 현상이 없는 경우의 유량과 같은 것을 발견하였다. 이와 같은 제형웨어를 Cippoletti웨어라 하며 그 유량은 다음 식으로 구한다.

$$Q = 1.86 b_1 h^{\frac{3}{2}}$$

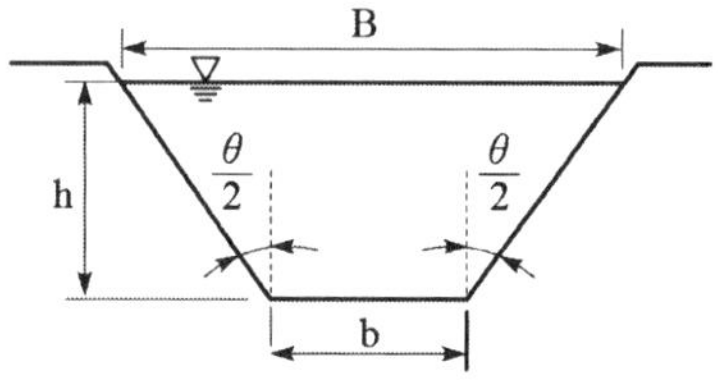

그림 4.21 Cippoletti 위어

4. 광정 위어(넓은 마루 weir)

월류수심(h)에 비해 마루폭(l)이 큰 위어($l > 0.7\,h$)로 광정위어에서 월류하는 물은 위어에 접근할 때 갑자기 수위가 적어져 유속이 증가되며 위어상면에서 접촉하여 흐른다.

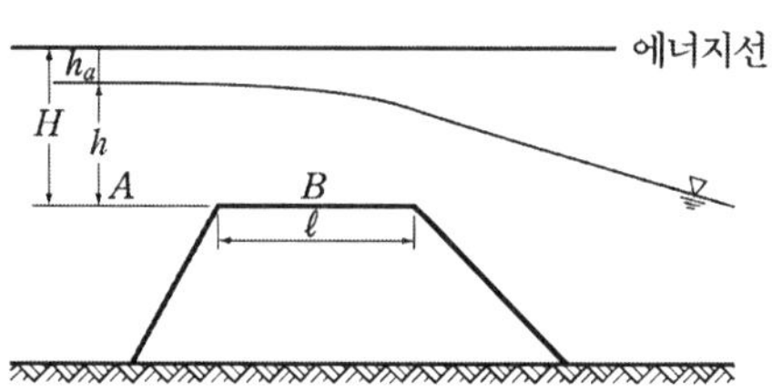

그림 4.22 광정 위어

(1) 완전월류일 때의 유량은 베르누이정리를 적용하여 다음과 같이 유량을 산정한다.

$$\mathrm{Q = C\,b\,h_2\sqrt{2g\,(H - h_2)}}$$

Q 가 최대로 될 때는 $\mathbf{h_2 = \frac{2}{3}H}$ 일 때 이므로(Belanger 법칙) 유량은 다음과 같다.

$$\therefore Q = AV = 1.7CbH^{3/2} = 1.7Cb\left(h + \frac{V_a^{\,2}}{2g}\right)^{3/2}$$

여기서, 월류계수 $m = \frac{2}{3}C\sqrt{\frac{1}{3}}$, H : 전수두$(= h + h_a)$, V_a : 접근유속

(2) 수중위어일 때의 유량은 다음과 같이 산정한다.

$$\therefore Q = Cbh_2\sqrt{2g(H - h_2)}$$

예제 4.21

다음 그림과 같은 광정위어(weir)의 최대 월류량은? (단, 수로폭은 3m, 접근유속은 무시하며, 유량계수는 0.96이다.)

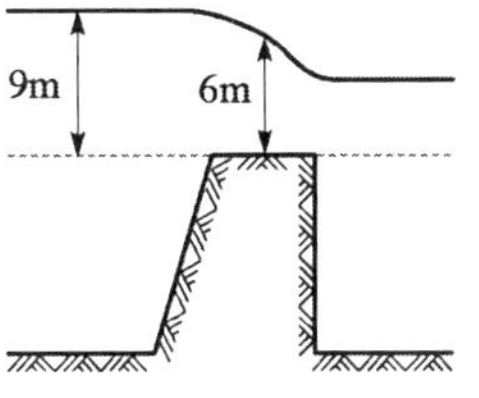

해설

$Q = 1.7Cb(h + h_a)^{3/2} = 1.7 \times 0.96 \times 3 \times 9^{3/2} = 132.19m^3/s$

예제 4.22

광정 위어(weir)의 유량공식 $Q = 1.704CbH^{\frac{3}{2}}$에 사용되는 수두(H)는?

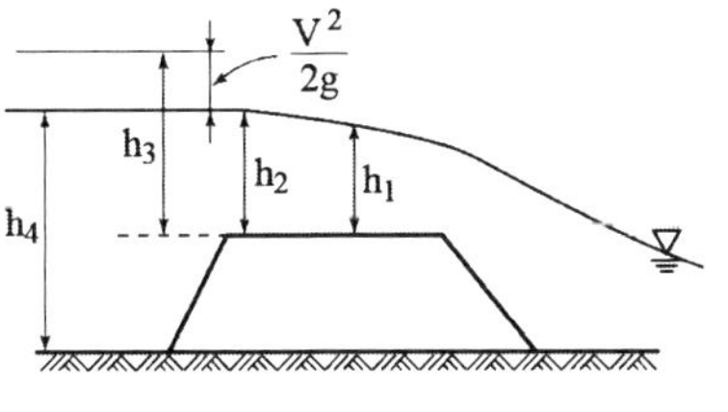

해설

h 는 월류수심과 접근유속 수두의 합이므로 h_3이다.

$$\therefore\ H = h + \frac{V^2}{2g} = h_3$$

5. 수중 위어(submerged weir)

위어 하류부의 수심(h_2)이 위어 마루부에서의 수심(한계수심)보다 높은($\mathbf{h_2 > \frac{2}{3}H}$) 경우의 위어이며 상류의 수위증가를 목적으로 하는데, 위어 하류의 수위가 위어정보다 높을 때를 수중위어라고 한다. 수중위어는 상류의 수위를 높이는 데 이용되며 예형수중위어(submerged sharp crest weir)는 수로의 유량측정에 사용된다.

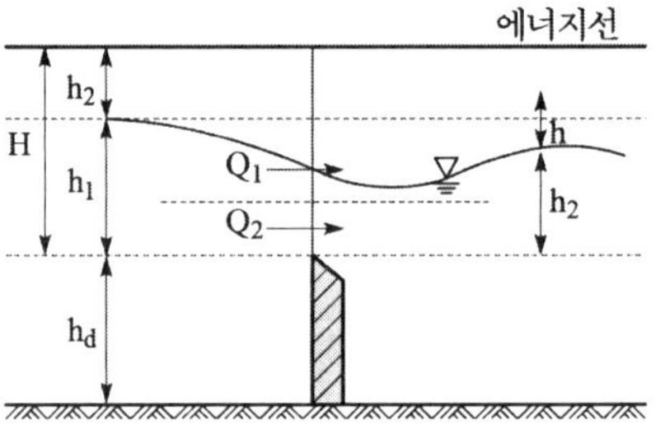

그림 4.23 수중위어

$$Q = Q_1 + Q_2 = \text{사각형 위어} + \text{수중 오리피스}$$

$$\therefore\ Q = \frac{2}{3}C_1 b\sqrt{2g}\,[(h+h_a)^{3/2} - h_a^{\ 3/2}] + C_2 b\, h_2\sqrt{2g\,(h+h_a)}$$

예제 4.23

위어의 수심 H, 위어 하류부에서 수심과 한계수심을 h와 h_c, 그리고 위어판의 높이와의 사이에서 수중위어가 될 경우는?

해설

위어 하류의 수심(h)이 한계수심($\frac{2}{3}H$) 보다 높은 경우의 위어를 수중 위어라 한다.

핵심용어 및 내용

1. 작은 오리피스

$Q = C_a C_v A \sqrt{2gH}, V = C_v \sqrt{2gH}$

C(유량계수) $= C_a$(수축계수) $\times C_v$(유속계수)

※ 표준단관 설치시 : $C_a = 1$

2. 큰 오리피스 $Q = \frac{2}{3} Cb \sqrt{2g} \, (H_2^{3/2} - H_1^{3/2})$

3. 수중오리피스 $Q = CA\sqrt{2g(H_1 - H_2)} = CA\sqrt{2gH}$

4. 수문

(1) 자유유출 : $Q = CbH_d\sqrt{2g(H_1 - H_d)} = CA\sqrt{2gH}$

(2) 수중유출 : $Q = CbH_d\sqrt{2g(H_1 - H_2)} = CA\sqrt{2gH}$

5. 사출수의 최대연직 높이 : $y = \frac{V^2}{2g}\sin^2\theta$

6. 오리피스 유출시간 $T = \frac{2A}{Ca\sqrt{2g}}(H_1^{1/2} - H_2^{1/2})$

완전배수 시 : $T = \frac{2A}{Ca\sqrt{2g}} H^{1/2}$

7. 사각형 위어 $Q = \frac{2}{3} Cb\sqrt{2g}\, h^{3/2}$

※ Francis 공식 : $Q = 1.84(b - 0.1nh)h^{3/2}$

8. 삼각형 위어 $Q = \frac{8}{15} C\tan\frac{\theta}{2}\sqrt{2g}h^{5/2}$

9. 광정위어 $Q = 1.7CbH^{3/2} = 1.7Cb(h + h_a)^{3/2}$

여기서, 접근유속수두 $h_a = \frac{{V_a}^2}{2g}$

10. 수두오차와 유량오차와의 관계

오리피스 $\frac{dQ}{Q} = \frac{1}{2}\frac{dH}{H}$

사각형 위어 : $\frac{dQ}{Q} = \frac{3}{2}\frac{dH}{H}$

삼각형 위어 : $\frac{dQ}{Q} = \frac{5}{2}\frac{dH}{H}$

되집어보기

1. 표준단관에서 유속계수가 0.78이었다면 유량계수는?

해설

표준단관의 수축계수 $C_a = 1$이므로

$\therefore C = C_a C_v = 1 \times 0.78$

2. 그림과 같이 D=2cm의 지름을 가진 오리피스로부터의 분류(jet)의 수축단면(Vena-Contracta)에서 지름이 1.6 cm로 줄었을 때 수축계수와 수축단면의 거리 ℓ는?

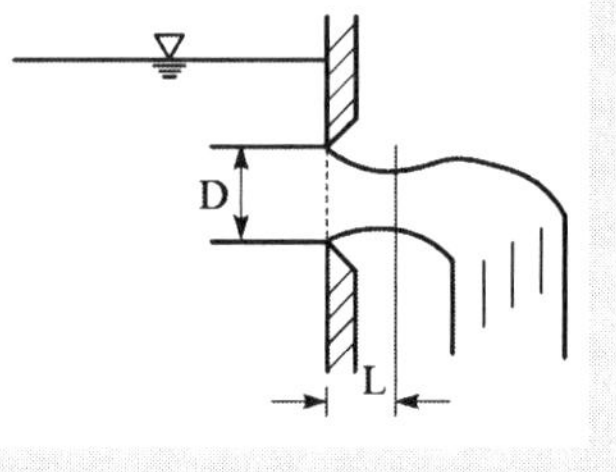

해설

수축계수 $C_a = \dfrac{a}{A} = \dfrac{1.6^2}{2^2} = 0.64$,

수축단면의 거리 $\ell = \dfrac{d}{2} = \dfrac{2}{2} = 1\text{cm}$

3. 그림과 같은 작은 오리피스에서 유속은? (단, 유속계수 Cv는 0.9이다)

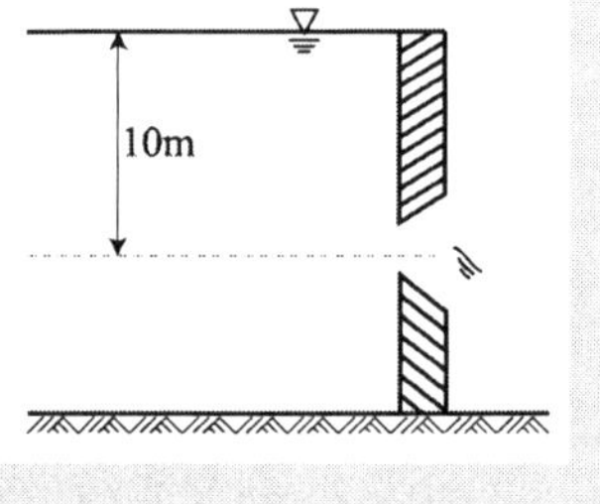

해설

오리피스의 실제유속

$V = C_v\sqrt{2gH} = 0.9 \times \sqrt{2 \times 9.8 \times 10} = 12.6\text{m/sec}$

4. 다음 그림과 같은 오리피스에서 유출하는 유량은? (단, 이론 유량을 계산한다)

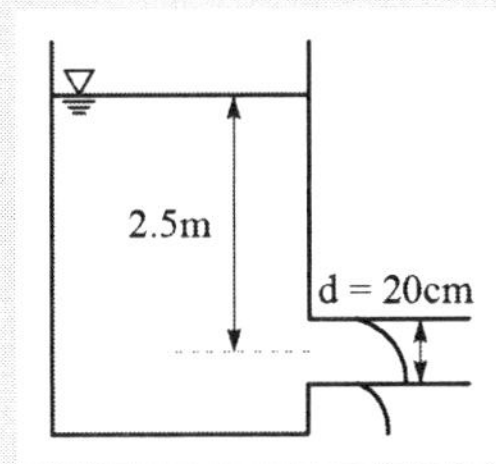

해설

오리피스의 이론유량

$$\therefore Q = A\sqrt{2gH} = \frac{\pi \times 0.2^2}{4} \times \sqrt{19.6 \times 2.5} = 0.22m^3/s$$

(※ 2.5m는 5×0.2m=1.0m 즉, H > 5d이므로 작은 오리피스이다.)

5. 수두가 2m인 작은 오리피스로부터 유출하는 유량은? (단, 오리피스의 직경은 10cm, 유속계수 0.95, 수축계수 0.8이다.)

해설

$$Q = C_a C_v A\sqrt{2gH} = 0.8 \times 0.95 \times \frac{\pi \times 0.1^2}{4} \times \sqrt{19.6 \times 2} = 0.0374m^3/s$$

6. 다음 그림에서 A수조의 유속을 무시할 경우 유량 Q는? (단, 오리피스의 면적 $a = 0.1m^2$, 유량계수 $C = 0.6$임.)

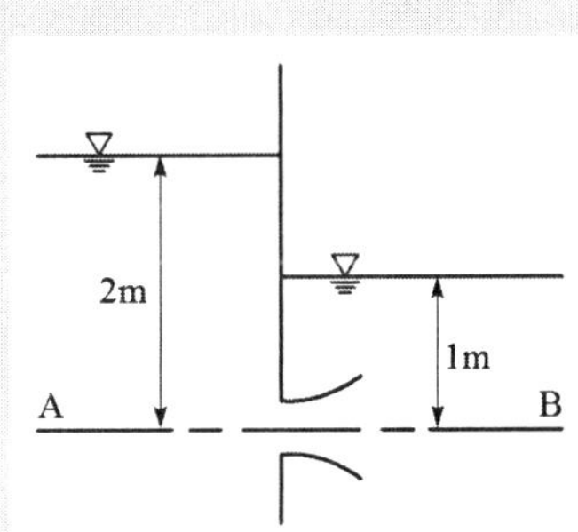

해설

수중 오리피스의 유량

$$Q = CA\sqrt{2gH} = 0.6 \times 0.1 \times \sqrt{19.6 \times (2-1)} = 0.27m^3/sec$$

7. 수로의 입구에 폭 3m의 수문이 있다. 문을 h[m] 올리니 수심이 각각 5m, 2m가 되었다. 그때 취수량이 $8m^3/sec$였다면 수문의 오름높이 h는? (단, $C = 0.60$)

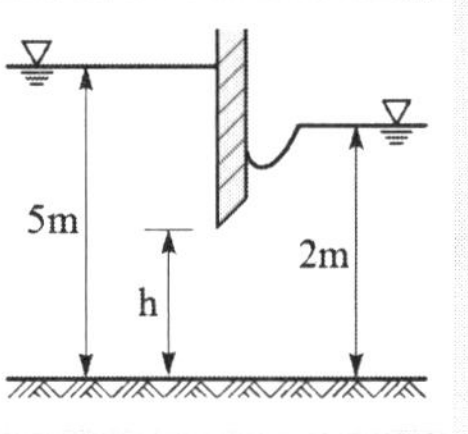

해설

$Q = CA\sqrt{2gH}$ 에서

$8 = 0.6 \times (3 \times h) \times \sqrt{19.6 \times (5-2)} \quad \therefore h = 0.58m$

8. 직사각형 위어의 월류수심이 25cm에 대하여 측정오차 5mm가 발생하였다. 이 때 유량에 미치는 오차는?

해설

직사각형 위어에서의 유량오차 $\frac{dQ}{Q} = \frac{3}{2}\frac{dH}{H}$ 이므로

$\therefore \frac{dQ}{Q} = \frac{3}{2} \times \frac{5\,mm}{250\,mm} = \frac{3}{100} = 3\,\%$

9. 폭 1.0m, 월류수심 0.4m인 사각형 위어의 유량을 Francis공식으로 구하면? (단, α= 1, 접근유속은 1.0m/sec이며 양단수축이다.)

해설

Francis 공식에서

$Q = 1.84(b - 0.1nh)(h + h_a)^{\frac{3}{2}} = 1.84 \times (1 - 0.1 \times 2 \times 0.4)(0.4 + \frac{1^2}{19.6})^{\frac{3}{2}}$

$= 0.513m^3/sec$

10. 직각 삼각형 예연 위어에서의 월류수심 h=30cm이다. 이 위어를 통과하여 1시간 동안 방출된 물의 양은 얼마인가? (단, C=0.6이다.)

해설

$Q = \frac{8}{15}C\tan\frac{\theta}{2}\sqrt{2g}\ h^{5/2} = \frac{8}{15} \times 0.6 \times \tan\frac{90^\circ}{2}\sqrt{19.6} \times 0.3^{5/2}$

$= 0.0698m^3/s = 251.3m^3/hr$

11. 폭이 3m인 직사각형 수로에 광정(廣頂) 위어를 설치하려 한다. 위어 설치전의 평균 유속은 1.5m/s, 수심은 0.3m이고, 설치후의 평균유속이 0.3m/s, 위어상류의 수심이 1.5m가 되었다면 위어의 높이 h는? (단, 에너지 보정계수 a=1이다.)

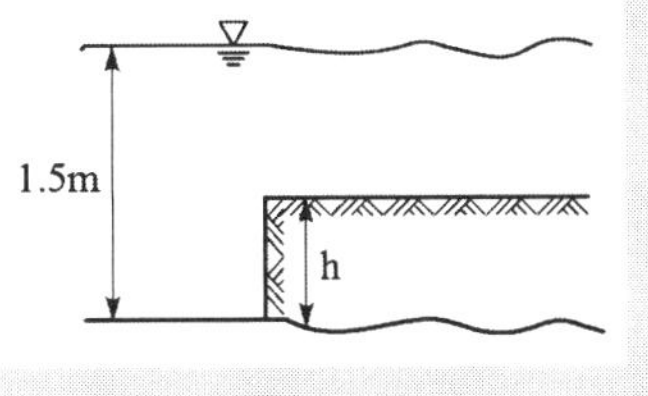

해설

$Q = AV = 1.7Cb(h + h_a)^{3/2}$에서 사각형 위어의 설치전과 설치후의 유량은 같아야 하므로

$$(3 \times 0.3) \times 1.5 = 1.7 \times 1 \times 3 \times \left(h + \frac{0.3^2}{19.6}\right)^{3/2}$$

$\therefore h = 0.41\text{m}$ $\therefore h_d = H - h = 1.5 - 0.41 = 1.09\text{m}$

(접근유속수두 $h_a = \dfrac{V_a^{\ 2}}{2g}$)

12. 저수지에서 홍수량을 방류하기 위한 직사각형의 여수로 단면(Spillway)을 결정하고자 한다. 계획 홍수량이 100m³/sec이고 월류 수심을 1m로 제한하였을 때 적당한 여수로의 월류 폭은?

해설

Francis 공식을 이용한다.

$Q = 1.84\, b_o\, h^{3/2}$ 에서 $100 = 1.84 \times b_o \times 1^{3/2}$ $\therefore b_o = 54.35\text{m}$

MEMO

CHAPTER

05

관수로

CHAPTER 05

관수로

5.1 관수로 개론

TIP

관수로의 정의 및 윤변과 경심을 반드시 이해하고 수격작용, 서어징, 공동현상의 내용을 숙지하여야 한다.

1. 정의 및 기본 용어

관수로(pipe line)라 함은 단면형상의 여하에 불문하고 유수가 단면내부를 항시 충만하여 흘러 자유 표면을 갖지 않고 더우기 관내면에 수압을 받고 있는 것을 말한다. 따라서 관내 전체에 대기압과 그 외 다른 수압을 받게 된다. 이와 같은 관으로 만들어진 수로가 관수로이며 상수도의 송배수관, 수력발전의 수압관, 사이펀 및 압력 턴널 등이 여기에 속한다. 그러므로 주변이 폐합된 단면을 갖는 수로라 할지라도 내면에 수압이 작용하지 않거나 만수상태가 아니고, 단면의 일부분만을 흐르는 수로, 예를 들면 하수관과 같은 것은 관수로로 취급하지 않고 개수로(open channel)로 취급한다.

관수로의 단면은 원형으로 많이 사용하는데 그 이유는 수압에 의한 관의 반력을 작게 하기 위해서이다.

(1) 정의

① 관내의 물이 충만하게 흐르는 자유 수면을 갖지 않는 흐름이며, 압력에 의해 흐르는 흐름이다.

② 관수로에서의 흐름을 지배하는 주된 힘과 지속시키는 요소는 점성력과 압력차이다.

윤변(Wetted perimeter)은 유수 중에 유체가 벽면과 접하고 있는 부분의 길이를 말하며, 경심(hydraulic radius)은 유수단면적(유적)을 윤변으로 나눈 것으로 동수반경, 수리반경, 수리평균심 이라 하고 다음과 같이 나타낸다.

$$R = \frac{A}{P}$$

여기서, A : 유수 단면적, P : 윤변

예제 5.1

지름 100cm의 원형단면 관수로를 물이 가득차서 흐를 때 동수반경(動水半徑)은?

해설

$$R - \frac{D}{4} = \frac{100}{4} = 25\text{cm}$$

2. 관수로 현상

(1) 수격작용(water hammer)

관수로에 물이 흐를때 말단의 밸브를 갑자기 잠그면 순간적으로 유속이 0이 되고 이로 인한 압력증가가 생기며 이는 관내를 일정한 전파속도로 왕복하면서 충격을 준다. 이 때의 압력파의 작용을 수격작용이라 한다.

(2) 서어징(Surging)

밸브의 급작스런 개폐에 의한 수격작용을 완화하기 위해 압력수로와 수압관 사이에 자유수면을 가진 조절수조를 설치하면 밸브의 개폐시 조절수조의 수면이 상승하거나 상하로 진동하는데 이 때의 진동을 서어징이라 한다.

(3) 공동현상(Cavitation)

유수 중에 유속이 증가하면 국부적으로 저압부분이 생겨 압력이 증기압 상태가 되어 물속에 있던 공기가 분리되어 물속에 공기덩어리(기포)가 생기는 현상으로, 저압부의 압력은 절대 0이 되지 않는다. 실제 공동의 발생과 소멸은 연속적이므로 고체면에 강한 충격을 주는 작용을 하는데 이러한 작용을 pitting이라 한다.

5.2 Hazen-Poiseuille 법칙

TIP

하아젠-포아쥬의 법칙에서 유속분포와 전단응력의 분포를 이해하고 관벽에서의 마찰응력, 평균유속과 최대유속과의 관계를 숙지하고 있어야 한다.

1. 하아젠-포아쥬 원리

원관 내의 층류일 때의 유량을 구하는 공식으로 층류상태로 흐르는 원관 내의 유량은 단위 관장의 압력 강하($\omega \cdot h_L$)와 반경의 4승에 비례하고 점성계수에 반비례한다는 것으로 이를 Hazen-poiseuilli의 법칙이라고 하고 다음과 같이 나타낸다.

$$\therefore Q = \frac{\pi \cdot \omega \cdot h_L}{8\mu l} r^4 = \frac{\pi \cdot \Delta p}{128\mu l} \cdot D^4$$

(1) 평균유속과 최대유속

관수로에 층류가 흐를 때 유속분포는 그림 5.1과 같이 포물선 분포이며, 평균유속과 최대유속은 다음과 같이 나타낸다.

① 평균유속 : $\mathbf{V_m} = \frac{\omega \cdot h_L}{8\mu l} r^2 = \frac{\mathbf{1}}{\mathbf{2}} \mathbf{V_{max}}$

② 최대유속 : $\mathbf{V_{max}} = \frac{\omega \cdot h_L}{4\mu l} r^2 = \mathbf{2\ V_m}$

즉, 관의 중심축에서 V_{max} 이고 관벽에서는 $V = 0$ 이다.

(2) 관벽의 마찰력(τ_0)

관수로에 층류가 흐를때 마찰(전단)응력분포는 직선이고, 거리에 비례하며 증가하며, 관중심에서 $\tau = 0$ 이고, 관벽에서는 최대(τ_{max})이다. 다음과 같이 나타낸다.

$$\therefore \tau_0 = \frac{\omega \cdot h_L}{2l} r = \frac{\Delta p}{2l} r = \omega \cdot R \cdot I = \omega \cdot \frac{D}{4} \cdot \frac{h_L}{l}$$

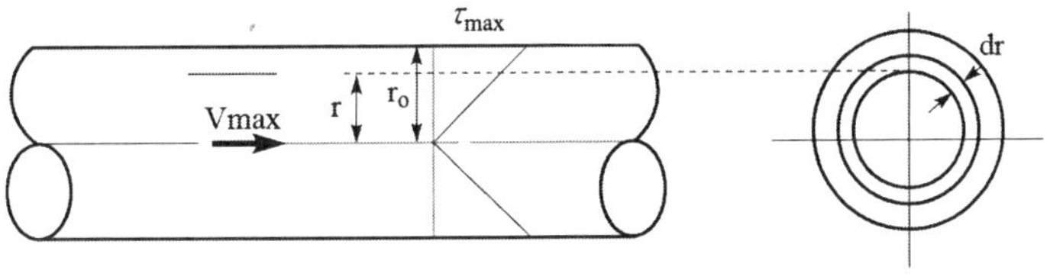

그림 5.1 층류의 유속 및 마찰응력 분포

예제 5.2

두 단면간의 거리가 1km, 손실수두가 5.5m, 관의 지름이 3m 라고 하면 관 벽의 마찰력은? (단, 무게 1kg = 9.8N)

해설

$$\tau = \omega \frac{D}{4} \frac{h_L}{l} = 9{,}800\,\mathrm{N/m^3} \times \frac{3}{4} \times \frac{5.5}{1{,}000} = 40.4\,\mathrm{N/m^2}$$

한편, 그림 5.2와 같은 마찰력(τ)과 관벽의 마찰력(τ_0)과의 관계는 다음과 같이 나타낸다.

$$\frac{\tau}{\tau_0} = \frac{r}{r_0} \text{ 에서} \quad \therefore \tau = \tau_0 \left(\frac{r}{r_0} \right)$$

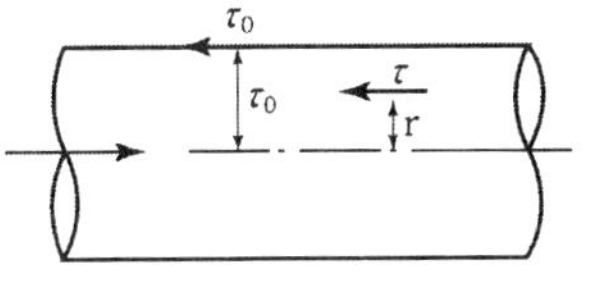

그림 5.2 마찰력(τ)과 관벽의 마찰력(τ_0)과의 관계

5.3 마찰손실수두

TIP

에너지 손실에 의한 Darcy-Weisbach의 마찰손실수두 공식을 숙지해야 하고 마찰손실계수의 여러 가지 형태는 암기하는 것이 유리하다.

1. 마찰손실수두(Darcy-Weisbach 공식)

물은 점성을 갖고 있기 때문에 물이 수로 내를 흐를 때 물분자 상호간 또는 물과 벽 사이에 에너지의 손실이 생기기 때문(베르누이 정리로부터 유도)에 손실이 발생한다.
Hazen-poiseuilli의 법칙에 따른 유량식을 변형하여 정리하면 다음과 같다.

$$h_L = \frac{8\mu l\, v}{w_0\, a^2} = \frac{8\mu l\, v}{w_0 \times (\frac{D}{2})^2} = \frac{32\mu l\, v}{w_0 D^2}$$

상기의 식을 변형하면 다음과 같다.

$$h_L = \frac{32\mu l\, v}{D^2 \rho g} = \frac{32\mu}{Dv\rho}\cdot\frac{l}{D}\cdot\frac{v^2}{g} = \frac{64\mu}{Dv\rho}\cdot\frac{l}{D}\cdot\frac{v^2}{2g}$$

여기에서 레이놀즈수와 동점성계수는 다음과 같으므로 이를 대입한다.

$$R_e = \frac{vD}{\nu},\ \ \nu = \frac{\mu}{\rho}$$

$$R_e = \frac{vD}{\nu} = \frac{vD}{\mu/\rho} = \frac{\rho v D}{\mu}$$

이를 상기의 손실수두식에 대입하면 다음과 같다.

$$h_L = \frac{64}{R_e}\cdot\frac{l}{D}\cdot\frac{v^2}{2g}$$

$f = \dfrac{64}{R_e}$ 이라 하면(원관 층류의 경우) 다음과 같이 정리되고 이를 Darcy- Weisbach의 마찰손실수두 공식이라고 한다.

$$\therefore h_L = f\frac{l}{D}\frac{V^2}{2g}$$

여기서, f : 마찰손실계수, D : 관경, L : 관 길이, V : 평균유속이다. 즉, 마찰손실수두는 관경에 반비례하며, 관의 길이와 유속의 2승에 비례하고, 관수로에서 가장 큰 손실이다.

예제 5.3

길이가 400m이고, 지름이 25cm인 관에 평균유속 1.32m/s로 물이 흐르고 있다. 관마찰계수가 0.0422일 때 손실수두는?

해설

$$h_L = f\frac{l}{D}\frac{V^2}{2g} = 0.0422 \times \frac{400}{0.25} \times \frac{1.32^2}{19.6} = 6\text{m}$$

예제 5.4

지름 0.2cm인 유리관 속을 0.8cm3/sec의 물이 흐를 때 관의 길이 1.0m의 마찰손실수두는? (단, 동점성 계수 $\upsilon = 1.12 \times 10^{-2}\ \text{cm}^2/\text{sec}$임.)

해설

$$\therefore h_L = f\frac{l}{D}\frac{V^2}{2g} = \frac{64}{Re} \times \frac{l}{D} \times \frac{V^2}{2g} = \frac{64}{455} \times \frac{100}{0.2} \times \frac{25.46^2}{1,960} = 23.26\text{cm}$$

$$(V = \frac{Q}{A} = \frac{4Q}{\pi D^2} = \frac{4 \times 0.8}{\pi \times 0.2^2} = 25.46\text{cm/sec},$$

$$Re = \frac{VD}{\nu} = \frac{25.46 \times 0.2}{1.12 \times 10^{-2}} = 455 < 2000)$$

2. 마찰손실계수(f)

마찰손실계수는 층류 및 난류의 경우와 Chezy와 Manning의 유속공식으로부터 표 5.1과 같이 정리할 수 있다.

예제 5.5

관의 길이가 80m, 관경 400mm의 주철관으로 $0.1m^3/s$의 유량을 송수할 때 손실수두는? (단, Chezy의 평균 유속계수 C = 70이다.)

해설

$$h_L = f\frac{l}{D}\frac{V^2}{2g} = \frac{8g}{C^2}\frac{l}{D}\frac{V^2}{2g} = \frac{8\times 9.8}{70^2}\times\frac{80}{0.4}\times\frac{0.796^2}{19.6} = 0.103m$$

$$\left(V = \frac{Q}{A} = \frac{4\times 0.1}{\pi\times 0.4^2} = 0.796m/s\right)$$

표 5.1 마찰손실계수

구분	해설
층류시 (Re 수만의 함수)	$f = \frac{64}{Re}$
난류시 (Re 수와 상대조도의 함수)	smooth pipe(매끄러운관) : $f = 0.3164\ Re^{-1/4}$ (Blasius 식)
	rough pipe(거친관) : $\frac{1}{\sqrt{f}} = 1.74 + \ln\frac{D}{2e}$ (Nikuradse 식) 여기서, $\frac{e}{D}$는 상대조도임.
Chezy공식으로부터	$f = \frac{8g}{C^2}$ (C = Chezy의 평균유속계수)
Manning공식으로 부터	$f = \frac{8gn^2}{R^{\frac{1}{3}}} = \frac{12.7gn^2}{D^{\frac{1}{3}}} = \frac{124.5n^2}{D^{\frac{1}{3}}}$ 여기서, D는 m 단위임.

예제 5.6

지름 $d = 200mm$, 길이가 100m인 원관 내에 물이 유속 $2.5\ m/sec$로 흐르고 있다. 이 때, 원관의 Manning 조도계수 $n = 0.013$인 경우 마찰손실수두를 계산한 값은?

해설

$$f = 124.5n^2 D^{-\frac{1}{3}} = 124.5 \times 0.013^2 \times 0.2^{-\frac{1}{3}} = 0.036 \text{이므로}$$

$$\therefore h_L = f\frac{l}{D}\frac{V^2}{2g} = 0.036 \times \frac{100}{0.2} \times \frac{2.5^2}{19.6} = 5.74m$$

한편, 그림 5.3과 같이 층류저층(δ)은 난류상태로 흐를 때 벽면 부근에서 나타나는 층류부분으로 점성저층이라고도 한다.

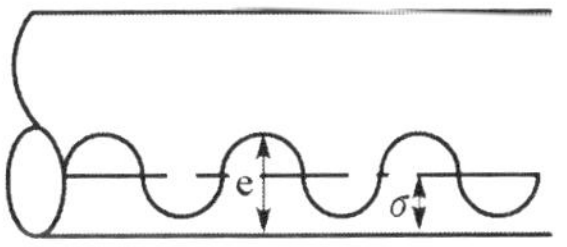

그림 5.3 층류저층

매끈한 관은 그림 5.3에서 벽면의 요철이 층류저층보다 작은 경우($e < \delta$)를 말하며, 거친 관은 벽면의 요철이 층류저층보다 큰 경우($e > \delta$)를 말한다.

한편 Moody 도표는 상업용관에서 레이놀즈수와 마찰손실계수와의 관계를 나타내는 도표로 그림 5.4와 같다.

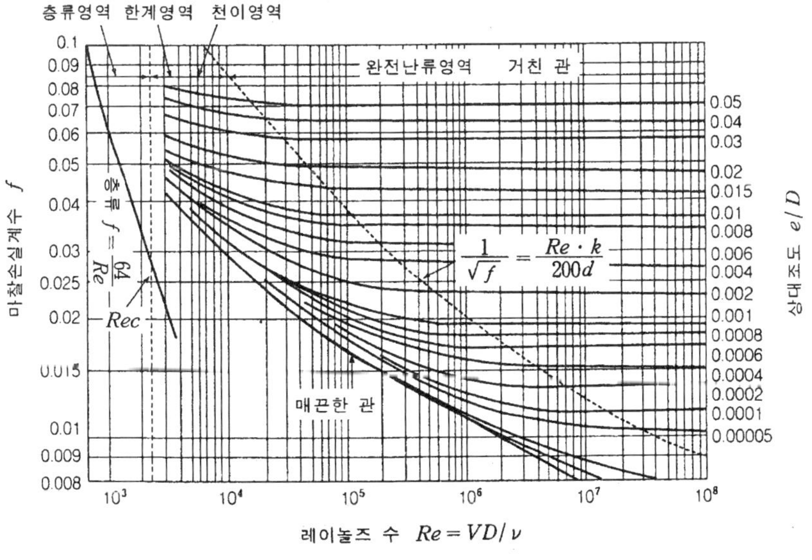

그림 5.4 Moody 도표

3. 마찰속도(전단속도)

관벽에서의 마찰로 인한 속도를 마찰속도 또는 전단속도라고 하며 다음과 같이 나타낸다.

$$\therefore U_* = V\sqrt{\frac{f}{8}} = \sqrt{\frac{\tau_0}{\rho}} = \sqrt{gRI}$$

여기서, R : 경심, I : 동수경사

5.4 마찰이외의 손실수두

TIP

마찰 손실 이외의 다양한 소손실 중 특히 유입손실계수와 유출손실계수의 값을 숙지해야 한다.

1. (미)소손실(minor loss) 적용범위

마찰이외의 관수로 내 손실을 소손실이라 하고 소손실을 고려해야 할 경우는 다음 표 5.2와 같다.

표 5.2 소손실의 적용

구분	해설
$\frac{l}{D} > 3000$ 장관(long pipe)	관 길이가 상대적으로 길기 때문에 소손실은 거의 무시하고 마찰손실(대손실)만 고려한다.
$\frac{l}{D} < 3000$ 단관(short pipe)	관 길이가 상대적으로 짧기 때문에 소손실을 고려한다.

2. (미)소손실 유형

손실수두가 생기는 원인에 따라 분류하면 다음과 같다.

1) 물이 관내를 흐를 때 관내면의 마찰에 의한 것

2) 물이 관에 유입할 때 축류가 생기는 데 의한 것

3) 관수로의 굴곡이나 만곡에 의한 것

4) 관내에 있는 벨브 등의 장해물에 의한 것

5) 관경이 변한 것에 의한 것

6) 관수로의 말단에서 운동에너지를 소실하는 데 의한 것

2)~6)항 까지를 소손실(minorloss)이라고 한다. 소손실 수두는 다음과 같다.

$$\therefore h_L{}' = f_x \frac{V^2}{2g}$$

여기서 f_x = 소손실 계수이고 각 소손실계수는 표 5.3과 같다.

표 5.3 소손실 계수에 따른 소손실 수두

구분	공식	구분	공식
유입손실수두	$h_i = f_i \frac{V^2}{2g}$	점확손실수두	$h_{ge} = f_{ge} \frac{V^2}{2g}$
유출손실수두	$h_o = f_o \frac{V^2}{2g}$	점축손실수두	$h_{gc} = f_{gc} \frac{V^2}{2g}$
급확대손실수두	$h_{se} = f_{se} \frac{V^2}{2g}$	굴절손실수두	$h_{ab} = f_{ab} \frac{V^2}{2g}$
급축소손실수두	$h_{sc} = f_{sc} \frac{V^2}{2g}$	만곡손실수두	$h_{cb} = f_{cb} \frac{V^2}{2g}$
밸브손실수두	$h_v = f_v \frac{V^2}{2g}$	분기손실수두	$h_{br} = f_{br} \frac{V^2}{2g}$

유입손실계수는 일반적으로 $\mathbf{f_i = 0.5}$, 유출손실계수는 일반적으로 소손실계수 중 가장 큰 값인 $\mathbf{f_o = 1.0}$ 이다.

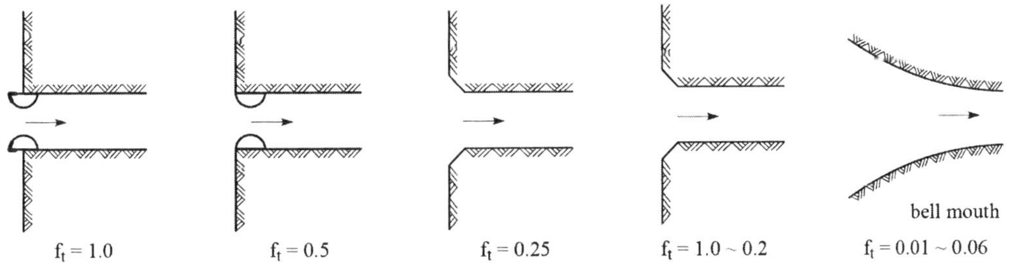

그림 5.5 입구의 형상에 따른 유입손실계수

5.5 평균유속공식

TIP

특히 Chezy와 Manning 공식을 숙지해야 하며 Chezy 유속계수와 Manning의 조도계수와의 관계를 이해하고 있어야 한다.

마찰에 의한 손실수두만을 고려하여 등류의 평균유속을 나타내는 실험식을 평균유속공식이라 한다. 평균유속공식은 관수로의 유량산정이나 관경을 구하는 데 널리 이용된다.

1. Chezy 공식

경심과 동수경사와 마찰손실계수가 주어진 경우에 사용하며 다음과 같이 마찰손실수두 식으로부터 유도한다.

$$h_L = f\frac{l}{D}\cdot\frac{v^2}{2g}$$

$$v = \sqrt{\frac{2g}{f}\cdot\frac{h_L}{l}\cdot D}$$

$$\frac{h_L}{l} = I, \quad \frac{D}{4} = R$$

$$v = \sqrt{\frac{8g}{f}}\cdot\sqrt{RI} = C\sqrt{RI}$$

여기서, $C = \sqrt{\frac{8g}{f}}$, $f = \frac{8g}{C^2}$

예제 5.7

동수반경이 10m이고 동수경사가 1/200인 관로의 마찰손실계수 f=0.04일 때 유속은?

해설

$$V = C\sqrt{RI} = \sqrt{\frac{8g}{f}}\sqrt{RI} = \sqrt{\frac{8\times 9.8}{0.04}}\sqrt{10\times 1/200} = 9.9\text{m/s}$$

2. Manning 공식

지수공식의 대표적인 것이며 Reynolds수 및 상대조도가 큰 조면관로에 적합하다. 특히 간단한 식으로 정도가 높으며 개수로 및 관수로에서 널리 사용되고 있다.

$$\therefore V = \frac{1}{n} R^{2/3} I^{1/2}$$

여기서, n : 조도계수

예제 5.8

n=0.013인 지름 600mm의 원형 주철관의 동수구배가 1/180일 때 유량은? (단, Manning 공식을 사용할 것)

해설

$$Q = AV = A\frac{1}{n}R^{2/3} I^{1/2} = \frac{\pi \times 0.6^2}{4} \times \frac{1}{0.013} \times \left(\frac{0.6}{4}\right)^{2/3} \times \sqrt{1/180} = 0.458\text{m}^3/\text{sec}$$

3. Hazen-Williams 공식

이 공식은 원래 지수공식이었으나 Darcy형으로 고쳐서 사용할 때도 있다. 이 식은 상수도의 송수관에 대하여 많이 사용되고 있다.

$$V = 0.84935\, C R^{0.63} I^{0.54}$$

$$Q = 0.27853\, C D^{2.63} I^{0.54}$$

Chezy 공식에서 유속계수 C와 Manning 공식의 조도계수 n과의 관계는 다음과 같다.

$$C\sqrt{RI} = \frac{1}{n} R^{2/3} I^{1/2}$$

$$C = \frac{1}{n} R^{1/6}$$

상수도 설계시 주철관 및 강관에 대하여 $C = 100$, 원심력 콘크리트관에 대해서는 $C = 130$, 석면시멘트관에 대해서는 $C = 140$을 쓴다. 다만 내경 500mm이하의 관이나 유속 1.5m/sec 이하인 때는 자료가 불충분하므로 주의를 요한다.

5.6 관수로의 유량

TIP

다양한 형태의 관수로에 대한 유량산정공식 및 병렬 관수로의 손실수두, 사이폰과 역사이폰의 내용을 이해하고 있어야 한다.

1. 단일 관수로

마찰이 있는 단일 관수로의 유량으로 그림 5.6과 같은 2개의 물통 A와 B를 하나의 등단면관 수로로 연결하고 두 물통의 수면을 일정하게 하면 관속의 유속과 유량은 일정하게 된다. 물통 속의 유속을 0이라 하면 수면차 H는 A 물통에서 B 물통으로 흐르는 사이에 소실되는 손실수두와 같다.

관수로의 설계에서는 방향 및 관경의 변화나 밸브류 등에 의한 손실수두가 되도록 작아지도록 만들어 졌기 때문에 이들 손실수두의 값은 생략하여도 무방할 경우가 많다. 그러므로 관경이 같은 관수로에서는 마찰손실수두, 입구손실수두, 출구손실수두만을 고려해서 생각하면 된다.

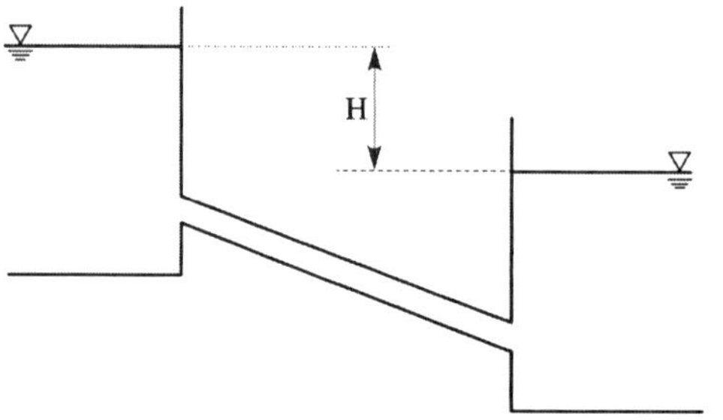

그림 5.6 단일 관수로

$$\frac{V_1^2}{2g} + \frac{P_1}{w} + Z_1 = \frac{V_2^2}{2g} + \frac{P_2}{w} + Z_2 + h_L + \Sigma f_e$$

여기에서 $V = 0$, $P = 0$이므로 $Z_1 - Z_2 = h_L + \sum f_e = H$이다($\sum f_e$는 소손실).

$f\frac{l}{D}\frac{V^2}{2g} + f_i\frac{V^2}{2g} + f_o\frac{V^2}{2g} = H$ 로부터 다음과 같이 정리된다.

$$\therefore V = \sqrt{\frac{2gH}{f\frac{l}{D} + f_i + f_o}}$$

$$\therefore Q = AV = \frac{\pi D^2}{4}\sqrt{\frac{2gH}{\sum f_x + f\frac{l}{D}}}$$

여기서, 유입손실계수(f_i)는 0.5, 유출손실계수(f_0)는 1 이다.

예제 5.9

수면차 15m인 두 수조를 지름 30cm, 길이 1km의 관으로 연결했을 때 관내의 유량은? (단, 관의 마찰손실계수 = 0.03, 유입손실계수 = 0.5, 유출손실계수 = 1.0이다.)

해설

$$Q = \frac{\pi \times D^2}{4} \times \sqrt{\frac{2gH}{\sum f_x + f\frac{l}{D}}} = \frac{\pi \times 0.3^2}{4} \times \sqrt{\frac{19.6 \times 15}{1.5 + 0.03 \times \frac{1000}{0.3}}}$$

$$= 0.12 m^3/sec$$

예제 5.10

그림과 같은 관수로의 말단에서 유출량은? (단, 입구손실계수 = 0.5, 만곡손실계수 = 0.2, 출구손실계수 = 1.0, 마찰손실계수 = 0.02이다.)

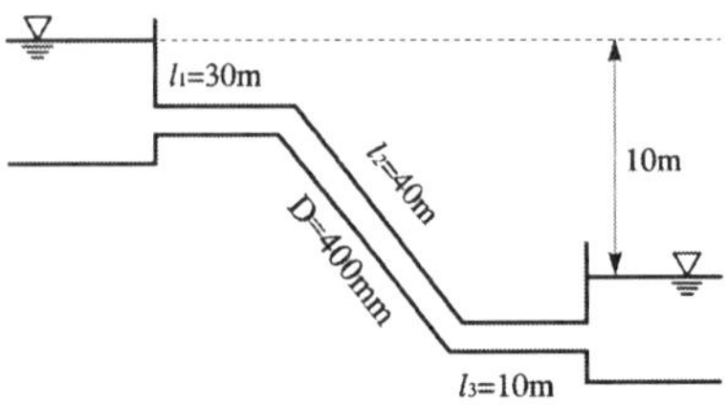

해설

$$Q = \frac{\pi \times D^2}{4} \times \sqrt{\frac{2gH}{\sum f_x + f\frac{l}{D}}} = \frac{\pi \times 0.4^2}{4}\sqrt{\frac{19.6 \times 10}{0.5 + 1.0 + 2 \times 0.2 + 0.02\frac{80}{0.4}}}$$

$$= 0.724 m^3/sec = 724 l/sec$$

예제 5.11

A저수지에서 200m 떨어진 곳에 내경 20cm 관으로 B저수지에 $0.0628m^3/s$의 물을 송수하려 한다. A저수지와 B저수지와의 수면차이는? (단, $f = 0.035$, $f_i = 0.5$, $f_o = 1.0$)

해설

$$Q = \frac{\pi \times D^2}{4} \times \sqrt{\frac{2gH}{1.5 + 0.035\frac{l}{D}}} \text{ 에서}$$

$$0.0628 = \frac{\pi \times 0.2^2}{4} \times \sqrt{\frac{19.6 \times H}{1.5 + 0.035 \times \frac{200}{0.2}}} \quad \therefore H = 7.448m$$

2. 분지 관수로

그림 5.7과 같이 관수로가 Ⅰ수조에서 나가 분기되어 Ⅱ, Ⅲ수조로 송수된다고 하면 Ⅰ, Ⅱ수조의 수위차를 H_1, Ⅰ, Ⅲ수조의 수위차를 H_2라 하고 각 관로의 유량을 구한다.

$$\mathbf{Q_1 = Q_2 + Q_3},\ H_1 = h_{L_1} + h_{L_2} = f_1 \frac{l_1}{D_1} \frac{V_1^2}{2g} + f_2 \frac{l_2}{D_2} \frac{V_2^2}{2g}$$

$$H_2 = h_{L_1} + h_{L_3} = f_1 \frac{l_1}{D_1} \frac{V_1^2}{2g} + f_3 \frac{l_3}{D_3} \frac{V_3^2}{2g}$$

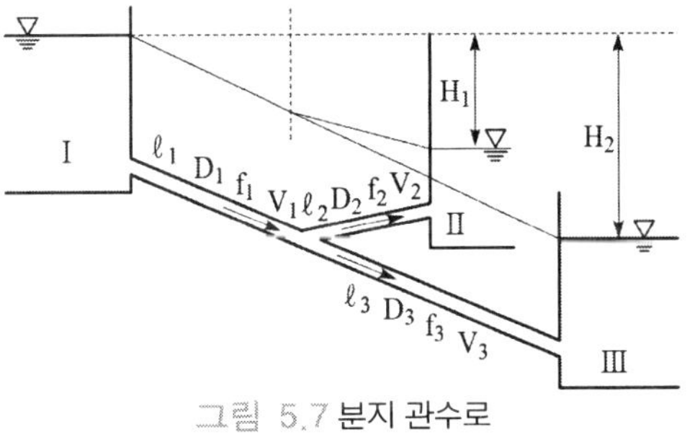

그림 5.7 분지 관수로

예제 5.12

다음 그림과 같은 원관으로 된 관로에서 $D_1 = 300\text{mm}$, $Q_1 = 200\ l/\text{sec}$이고, $D_2 = 200\text{mm}$, V_2 =2.5m/sec인 경우 $D_3 = 150\text{mm}$에서의 유량 Q_3는?

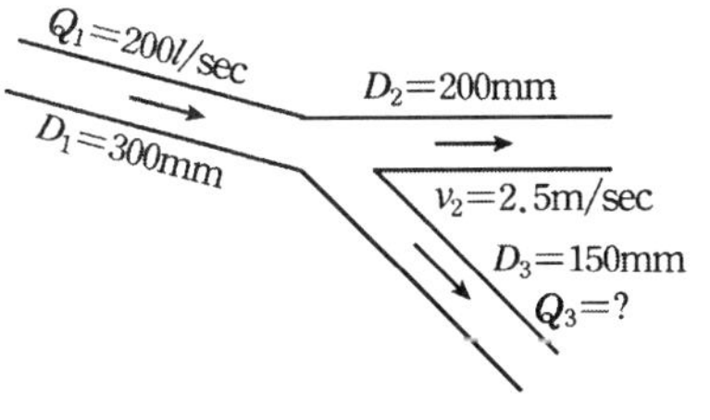

해설

$Q_1 = Q_2 + Q_3$

$$\therefore Q_3 = Q_1 - Q_2 = 200 \times 10^3 - \frac{\pi \times 20^2}{4} \times 250 = 121{,}460\text{cm}^3/\text{s} = 121.46 l/s$$

$$\text{또는, } Q_3 = 200 \times 10^{-3} - \frac{\pi \times 0.2^2}{4} \times 2.5 = 0.12146\text{m}^3/\text{s} = 121.46 l/s$$

3. 병렬 관수로

그림 5.8과 같이 병렬로 연결된 관들의 손실수두는 같다고 하여 다음과 같이 수두 및 유량을 산정한다.

$$H = H_1 + H_2 + H_4 = H_1 + H_3 + H_4$$
$$Q_1 = Q_2 + Q_3 = Q_4$$

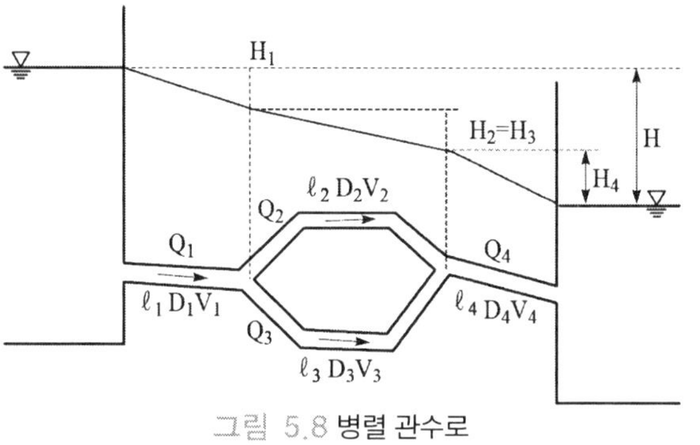

그림 5.8 병렬 관수로

4. 사이폰 및 역사이폰

(1) 사이폰(syphon)

관수로의 일부가 동수경사선 보다 위에 있는 관수로로 syphon과 동수경사선의 수두차는 이론상 10.33m이나 7~8m 정도까지 작동한다. 즉, 높고 낮은 두 수조를 관수로를 통해서 송수할 때 관의 일부가 수두 경사선보다 위에 있을 때가 있다. 이와 같은 관수로를 사이폰이라 한다. 사이폰은 수두 경사선보다 위에 있는 부분의 압력이 부압(負壓)이라는 점이 보통 관수로와 다르다.

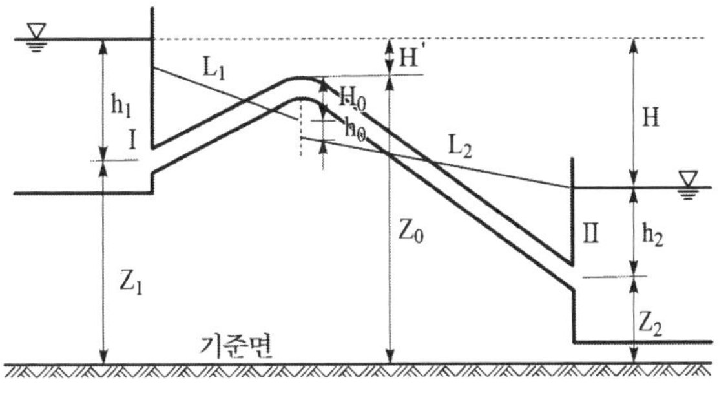

그림 5.9 사이폰

사이폰의 직경을 D라고 하여 두 수조간에 베르누이정리를 적용하여 정리하면 다음과 같은 유량식이 정리된다.

$$Q = \frac{\pi D^2}{4} V = \frac{\pi D^2}{4} \sqrt{\frac{2gH}{f_i + f_b + f_o + f\frac{\ell_1 + \ell_2}{D}}}$$

(2) 역사이폰

계곡이나 하천을 횡단하기 위해 관을 아래쪽으로 구부려 설치한 것으로, 하수관거를 시공할 때 장애물 횡단방법으로 가장 적합하며 하부에 압력이 상당히 커지므로 설계 및 시공에 주의를 요한다.

5.7 관망(Pipe network)

TIP

관망해석이 대표적인 해석 방법인 Hardy-Cross 방법의 가정조건과 유량계산법을 이해하고 있어야 한다.

1. 관망해석

수도급수관 및 배수관과 같이 다수의 분기관, 분류관, 곡관등이 합하여 말단을 서로 연결되어 1개의 관로계통을 이루는 관수로를 관망이라 한다. 관망은 관수로 끝이 막힘으로 인하여 생기는 수질의 악화 또는 관로의 일부고장에 의한 단수를 방지하는데 효과적이다. 일반적으로 이와 같은 문제는 복잡하며 해석적 방법에 의한 해석은 불가능하므로, 시행오차법(trial and error method)에 의해 해석할 수 있다.

2. Hardy - Cross 방법

관망에 대한 계산법은 Hardy cross(미국;1936년)의 방법이 가장 많이 사용되고 있다. 이 방법은 일종의 시산법이지만 이론적 계산치를 사용하고 이것을 가정유량에 가하는 것이다.
이는 관망을 구성하는 각 관로의 내경, 관장, 조도, 관망에 유입하는 수량과 관망으로 부터 유출하는 수량이 주어졌을 때 각 관로의 유량과 손실수두를 계산에 의하여 보정하여 결과를 얻을 수 있다. Hardy-Cross의 관망계산법은 다음과 같은 가정조건하에서 각 관로 내를 흐르는 유량과 손실수두와의 관계를 구한다.

가정조건

① 각 분기점 또는 합류점에 유입하는 수량은 그 점에서 정지하지 않고 전부 유출한다.
② 각 폐합관에 대한 손실수두의 합은 0 이다.
③ 보정량(ΔQ)은 +, −값 모두를 갖는다.
④ 초기 유량을 가정하며 마찰손실만을 고려한다.(소손실은 무시)

유량계산법

관망해석을 위한 Darcy-Weisbach의 마찰손실수두 공식으로 기본방정식을 얻을 수 있다.

$$h_L = f\frac{l}{D}\frac{V^2}{2g} = f\frac{l}{D}\frac{Q^2}{2g\left(\frac{\pi D^2}{4}\right)^2} = kQ^2 = kQ^n$$

평균유속 공식을 사용할 때, Manning 공식의 경우 n=2 이며 Hazen - Williams 공식의 경우 n=1.85가 된다. 각 폐합관에 대한 가정유량을 Q', 실제유량을 Q , 보정유량을 ΔQ라 하고, 유량 Q가 흐를 때의 손실수두를 h_L 이라 하면

$$Q = Q' + \Delta Q$$

위의 두 식을 이용하여 다음과 같은 식을 유도해 낼 수 있다.

$$\sum h_L = \sum k(Q' + \Delta Q)^2 = \sum kQ'^2 + 2\sum kQ'\Delta Q + \sum k\Delta Q^2 = 0$$

ΔQ^2 은 아주 작으므로 무시하면 다음과 같다.

$$\sum h_L = \sum kQ'^2 + 2\sum k Q'\Delta Q = 0$$

$$\therefore \Delta Q = \frac{-\sum k Q'^2}{2\sum k Q'}$$

$Q = Q' + \Delta Q$에서 ΔQ 가 거의 0이 되든지 또는 허용오차보다 작아지면 가정치가 실제 유량과 같다는 것을 의미한다. 그러므로, 각 폐합관에 대해 ΔQ 를 허용오차보다 작아지도록 반복계산을 하게 된다.

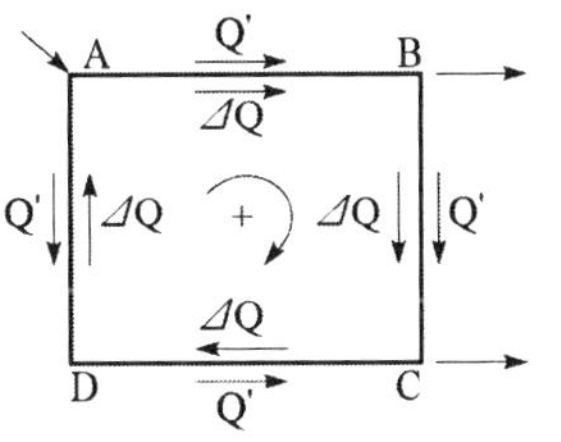

그림 5.10 가정유량과 보정유량

5.8 유수에 의한 동력

TIP

수차와 펌프의 공식을 마력(HP)과 kW로 구분하여 숙지하고 있어야 한다.

1. 수차 및 발전기

물에 의한 동력의 기본 식은 다음과 같다.

$$E = \omega \cdot Q \cdot H(kg \cdot m/sec)$$

그런데 $1HP = 75kg \cdot m/sec$, $1kW = 102kg \cdot m/sec$ 이고 관수로 내를 일정유량 Q가 낙차 H로 흐르고 이것으로 인하여 생기는 각종 손실수두의 합계를 $\sum h_L$이라 하고 실지로 수차를 회전시키는 에너지, 즉 유효낙차(effective head)를 H_e로 표시하면 $H_e = H - \sum h_L$이므로 이와 같은 효율과 유효수두를 고려하면 다음과 같다.

$$E = \frac{1000}{75} Q H_e \eta = \frac{1000}{75} Q (H - \Sigma h_L) \eta \ (HP)$$

$$E = \frac{1000}{102} Q H_e \eta = \frac{1000}{102} Q (H - \Sigma h_L) \eta \ (kW)$$

여기서, 유효수두 H_e = 낙차 − 총 손실수두, η : 효율

2. 펌프

지금 펌프로 $Q(m^3/sec)$의 유량을 $H_0(m)$의 높이에 양수할때의 필요한 펌프의 이론 수력은 수차의 경우와 같이 산정할 수 있다. 그러나 이때에 아래에 있는 수조의 수면과 펌프와의 사이 그리고 펌프와 위에 있는 수조의 수면과의 사이에서 손실수두가 생기므로 펌프에 요구되는 양정 H_e는 H에다 손실수두를 합한 높이 $H_e = H + \sum h_L$가 된다.

$$E_p = \frac{1000}{75} Q H_p / \eta = \frac{1000}{75} Q (H + \Sigma h_L) / \eta \ (HP)$$

$$E_p = \frac{1000}{102} Q H_p / \eta = \frac{1000}{102} Q (H + \Sigma h_L) / \eta (kW)$$

여기서, H_p : 총 손실수두

예제 5.13

총 수량 25m³/s, 총 낙차 $H = 80m$, 전손실수두 $\sum hL = 5.0m$, 수차의 효율 $\eta_1 = 80\%$, 발전기 효율 $\eta_2 = 90\%$ 라고 하면 소요출력은?

해설

$$E = \frac{1,000}{102} Q(H - \Sigma h_L)\eta_T \cdot \eta_G = \frac{1,000}{102} \times 25 \times (80 - 5) \times 0.8 \times 0.9$$
$$= 13,235.29 kW$$

예제 5.14

표고 20m인 저수지에서 물을 표고 50m인 지점까지 1.0m³/sec의 물을 양수하는 데 소요되는 펌프동력은? (단, 모든 손실수두의 합은 3.0m이며, 모든 관은 동일한 직경과 수리학적 특성을 지니고 펌프의 효율은 80%이다.)

해설

$$E = \frac{1,000}{102} Q(H + \Sigma h_L)/\eta = \frac{1,000}{102} \times 1 \times (30 + 3)/0.8 = 404.4\ kW$$

핵심용어 및 내용

1. 하아젠-포아쥬 법칙

$$Q = \frac{\pi \cdot \omega \cdot h_L}{8\,\mu l} r^4 = \pi \cdot \frac{\Delta p}{128\,\mu l} \cdot D^4$$

2. 마찰손실수두

$$h_L = f\frac{l}{D}\frac{V^2}{2g} = \frac{64}{Re}\frac{l}{D}\frac{V^2}{2g} = \frac{8g}{C^2}\frac{l}{D}\frac{V^2}{2g} = \frac{124.5\,n^2}{D^{1/3}}\frac{l}{D}\frac{V^2}{2g}$$

3. 마찰손실계수

층류시 : $f = \frac{64}{Re}$

난류시 : smooth pipe : $f = 0.3164\,Re^{-\frac{1}{4}}$ (Blasius 식)

rough pipe : $\frac{1}{\sqrt{f}} = 1.74 + \ln\frac{D}{2e}$ (Nikuradse 식)

4. 마찰속도(전단속도)

마찰속도 $U_* = V\sqrt{\frac{f}{8}} = \sqrt{\frac{\tau_o}{\rho}} = \sqrt{gRI}$

5. 소손실 수두

$h_L{}' = f_x \frac{V^2}{2g}$ 유입 손실계수 : $f_i = 0.5$, 유출 손실계수 : $f_o = 1.0$

6. 평균유속 공식

Chezy 식 : $V = C\sqrt{RI} = \sqrt{\frac{8g}{f}}\sqrt{RI}$

Manning식 : $V = \frac{1}{n}R^{2/3}I^{1/2}$

7. 관망(Hardy-cross 방법)

① 각 분기점 또는 합류점에 유입하는 수량은 그 점에서 정지하지 않고 전부 유출한다.

② 각 폐합관에 대한 손실수두의 합은 0 이다.

③ 보정량(ΔQ)은 +, - 값 모두를 갖는다.

④ 초기 유량을 가정하며 마찰손실만을 고려한다.(소손실은 무시)

8. 동력

▶ 수차(발전기)의 출력

$$E = \frac{1000}{75} Q H_e \eta (HP), E = \frac{1000}{102} Q H_e \eta (kW)$$

▶ 펌프의 출력

$$E_p = \frac{1000}{75} \frac{Q H_p}{\eta} (HP), E_p = \frac{1000}{102} \frac{Q H_p}{\eta} (kW)$$

되집어보기

1. 직경 D인 원형 하수관 내를 D/2의 깊이로 물이 흐를 때 경심은?

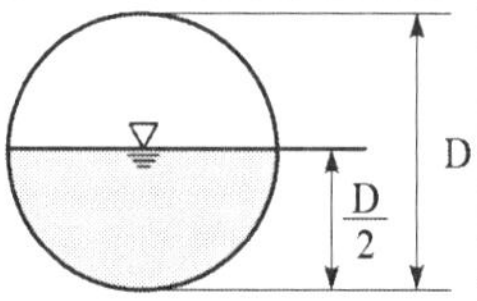

해설

$$R = \frac{A}{P} \text{ 에서 } \therefore R = \frac{\frac{1}{2} \times \frac{\pi \times D^2}{4}}{\frac{1}{2} \times \pi \times D} = \frac{D}{4}$$

2. 안지름 20cm인 관로에서 관의 마찰에 의한 손실수두가 속도수두와 같게 되었다면, 이 때 관로의 길이는? (단, $f = 0.04$이다.)

해설

$$h_L = f\frac{l}{D}\frac{V^2}{2g} = \frac{V^2}{2g} \text{ 에서}$$

$$l = \frac{D}{f} = \frac{0.2}{0.04} = 5m.$$

3. 지름 50mm, 길이 10m, 관마찰계수 0.03인 원관 속을 난류가 흐르고 있다. 관입구와 출구의 압력차가 0.1kg/cm² 일 때 유속은? (단, 물의 단위중량 w_o 는 $1t/m^3$이다.)

해설

$$\Delta p = w \cdot h_L \text{ 에서 } h_L = \frac{\Delta p}{w} = \frac{1}{1} = 1m \text{ 이고 } h_L = f\frac{l}{D}\frac{V^2}{2g} \text{ 에서}$$

$$1 = 0.03 \times \frac{10}{0.05} \times \frac{V^2}{2 \times 9.8} \text{ 이므로}$$

$$\therefore \ V = 1.81m/\sec$$

4. 지름 0.2cm, 길이 100cm의 유리관 속을 20cm/sec의 속도로 물이 흐를 때 마찰손실 수두는? (단, $Re = 1{,}000$이다.)

해설

$$h_L = \frac{64}{Re}\frac{l}{D}\frac{V^2}{2g} = \frac{64}{1000} \times \frac{100}{0.2} \times \frac{20^2}{1{,}960} = 6.53\text{cm}$$

5. 직경 20cm인 관수로에 $39.25\text{cm}^3/\text{sec}$의 유량이 흐를 때 동점성 계수가 $\nu = 1.0 \times 10^{-}2\text{cm}^2/\text{sec}$ 이면 마찰손실계수 f는?

해설

$$Re = \frac{VD}{\nu} = \frac{\frac{4 \cdot 39.25}{\pi \times 20^2} \times 20}{1.0 \times 10^{-2}} = 250 < 2{,}000 \text{ 이므로 층류이다.}$$

$$\therefore f = \frac{64}{Re} = \frac{64}{250} = 0.256$$

6. 경심이 8m, 동수경사가 1/100, 마찰손실계수 f = 0.04일 때 Chezy의 유속계수 C를 구한 값은?

해설

$$C = \sqrt{\frac{8g}{f}} = \sqrt{\frac{8 \times 9.8}{0.04}} = 44.27\,\text{m}^{\frac{1}{2}}/\text{sec}$$

7. 경심이 5m이고 동수경사가 1/200 인 관로에서의 Reynolds수가 1000인 흐름으로 흐를 때 관내의 평균 유속은?

해설

$$\text{마찰손실계수 } f = \frac{64}{Re} = \frac{64}{1{,}000} = 0.064 \text{ 이고}$$

$$\therefore V = C\sqrt{RI} = \sqrt{\frac{8g}{f}}\sqrt{RI} = \sqrt{\frac{8 \times 9.8}{0.064}} \times \sqrt{5 \times 1/200} = 5.53\,\text{m/s}$$

8. Manning의 조도 계수 n=0.012인 원관을 써서 $1\text{m}^3/\text{sec}$의 물을 동수경사 1/100로 송수하려 할 때 적당한 관지름은?

해설

$$Q = AV = A\frac{1}{n}R^{2/3}\,I^{1/2} \text{ 에서}$$

$$1 = \frac{\pi \times D^2}{4} \times \frac{1}{0.012} \times \left(\frac{D}{4}\right)^{2/3} \times \sqrt{1/100}$$

$$D^{\frac{8}{3}} = 0.385 \text{ 에서 } \therefore D = 0.7\text{m} = 70\text{cm}$$

9. A 저수지에서 100m 떨어진 B 저수지로 $3.6\text{m}^3/\text{s}$의 유량을 송수하기 위해 지름 2m의 주철관을 설치할 때 적정한 관로의 경사 (I)는? (단, 마찰손실만 고려하고, 마찰손실계수 $f = 0.03$ 이다.)

해설

Chezy 공식 $Q = AV = AC\sqrt{RI}$ 에서

$$3.6 = \frac{\pi \times 2^2}{4} \times \sqrt{\frac{8 \times 9.8}{0.03}} \times \sqrt{\frac{2}{4} \times I}$$ 이므로

$$\therefore \ I = 0.001 = \frac{1}{1000}$$

10. 수면차가 20m인 2개의 저수지가 지름 50cm, 길이 1000m의 관으로 연결되었다면 유량은? (단, $f_0 = 1.0$, $f_1 = 0.5$, $f_b = 0.2$(만곡부 3개 = 0.2×3 = 0.6), $f = 0.036$임)

해설

$$Q = AV = A\sqrt{\frac{2gH}{f_i + f_o + f_b + f\frac{l}{D}}}$$

$$= \frac{\pi \times 0.5^2}{4} \times \sqrt{\frac{19.6 \times 20}{1.5 + 0.2 \times 3 + 0.036 \times \frac{1000}{0.5}}} = 0.452\text{m}^3/\text{sec}$$

11. 유량 $20\text{m}^3/\text{sec}$, 유효낙차 50m 인 수력지점의 이론수력은?

해설

$$E = \frac{1000}{102}\,Q\,H_e = \frac{1000}{102} \times 20 \times 50 = 9804\text{kW}$$

12. 수면표고가 28m 인 정수장에서 직경 600mm 인 강관 900m 를 이용하여 수면표고 39m 인 배수지로 양수하려고 한다. 유량이 $1.0\text{m}^3/\text{sec}$ 이고 관로의 마찰손실계수가 0.03일 때 펌프의 소요동력은 얼마인가? (단, 마찰손실만 고려하며, 펌프 및 모터의 효율은 각각 80% 및 70%이다.)

해설

$$V = \frac{4 \times 1}{\pi \times 0.6^2} = 3.5\,\text{m/s}$$ 이고 $$h_L = 0.03 \times \frac{900}{0.6} \times \frac{3.5^2}{19.6} = 28.12\,\text{m}$$ 이므로

$$\therefore \ P = \frac{1{,}000}{102} \times 1 \times (11 + 28.12) / 0.8 \times 0.7 = 695\,\text{kW}$$

CHAPTER

06

개수로

CHAPTER 06

개수로

6.1 개론

TIP

개수로의 정의 및 기본 용어를 숙지하고 마찰속도와 평균마찰응력 공식을 숙지하고 있어야 한다.

1. 정의 및 기본 용어

하천, 용수로, 배수로 등의 흐름은 유수의 표면이 대기에 접하고 있는 수로로서 개수로(open channel)라고 한다. 또한 하수도관이나, 지하배수관거, 턴널등과 같이 암거(culvert)라도 물이 일부만 차서 흐르면 모두 개수로로 취급한다.

개수로의 흐름은 수면경사에 따라서 중력작용에 의하여 흐르며 관수로는 정수압 또는 다른 압력의 작용에 의해서 물이 흐르게 된다. 인공개수로의 단면형으로는 직사각형, 사다리꼴 등이 가장 많이 사용되며 하수도관의 경우는 원형, 난형, 마제형등이 많이 사용된다.

개수하천의 단면형은 복단면이 많고 자연하천의 단면형은 일반적으로 불규칙형이지만 포물선으로 취급하게 된다. 자연하천의 흐름은 인공수로의 흐름에 비하면 단면의 불규칙등으로 흐름의 운동은 매우 복잡하게 된다.

(1) 개수로의 정의는 자유수면을 가지고 흐르는 흐름으로서 중력과 관성력에 의해서 흐름이 지배되는 수로이다.

(2) 개수로에 사용되는 용어는 표 6.1에 정리하였다.

예제 6.1

너비 4m의 직사각형 수로를 3m의 수심으로 물이 흐른다고 하면 수리평균심(水理平均深)은?

해설

$$R = \frac{A}{P} = \frac{4 \times 3}{4 + 3 \times 2} = 1.2\text{m}$$

표 6.1 개수로의 용어

구분	해설
수로폭(B)	자유수면에서의 수로 단면폭.
윤변(P)	유수단면이 수로 벽면과 접하는 부분의 길이.
경심(R)(수리평균심, 수리반경, 동수반경) (hydraulic mean depth)	유수단면적(A)을 윤변(P)으로 나눈 값. $\left(R = \frac{A}{P}\right)$
수리수심(D) (hydrulic depth)	유수단면적을 수로폭으로 나눈값. 즉, 수로의 평균수심. $\left(D = \frac{A}{B}\right)$
단면계수	한계류 계산시 $Z = A\sqrt{D}$, 여기서 D : 수리수심
통수능(K) (Conveyance)	단면이 물을 통수시키는 능력. $Q = A \cdot V = ACR^m I^n = KI^n$에서 $\therefore K = ACR^m$

2. 기본 운동방정식

(1) 등류의 마찰저항

① 마찰속도

윤변을 P, 윤변에 작용하는 단위면적당 마찰력을 τ_0 라고 하고 l 사이의 물에 작용하는 중력의 흐름방향 성분과 이 구간에서의 윤변에 작용하는 마찰력을 같다고 하면

$$\tau_0 Pl = \omega Al \sin\theta$$

$$\tau_0 = \frac{A}{P}\omega \sin\theta = \omega RI$$

여기서, $\sin\theta = I$, $R = \frac{A}{P}$ 이다.

$$\therefore U_* = V\sqrt{\frac{f}{8}} = \sqrt{\frac{\tau}{\rho}} = \sqrt{gRI} = \sqrt{\mathbf{ghI}} \text{ (개수로일 경우)}$$

② 평균마찰응력(소류력)은 다음과 같다.

$$\therefore \tau_m = \omega RI = \boldsymbol{\omega} \mathbf{hI} \text{(수로폭이 넓을 때)}$$

예제 6.2

그림과 같은 직사각형 수로에서 수로경사가 1/1,000인 경우 수로바닥과 양벽면에 작용하는 평균마찰응력은?

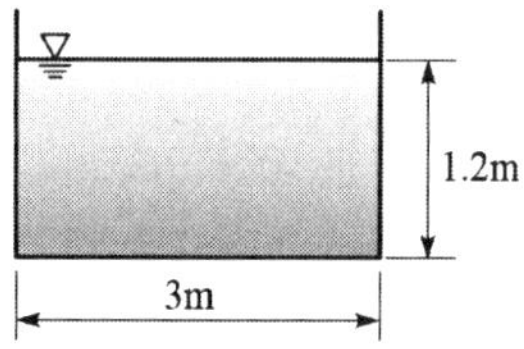

해설

$$\tau = \omega R I = \omega \frac{A}{P} I = 9{,}800 \mathrm{N/m^3} \times \frac{3 \times 1.2}{3 + 1.2 \times 2} \times \frac{1}{1{,}000} = 6.57 \mathrm{N/m^2}$$

6.2 평균유속공식

TIP

특히 Chezy와 Manning의 평균유속공식은 반드시 숙지하도록 한다.

표 6.2 개수로의 평균유속

구분	해설
Chezy	$V = C\sqrt{RI}$ C : Chezy 평균유속계수, I : 동수경사(≒수로경사)
Manning	$V = \frac{1}{n} R^{2/3} I^{1/2}$ n : Manning의 조도계수

개수로의 평균유속은 표 6.2와 같고 관수로와 같이 Chezy의 식과 Manning의 식이 가장 많이 사용된다. 개수로의 유속이 너무 느리면 물이 운반해온 토사나 기타의 부유물이 수로 내에 침전되어 수로의 단면적을 축소하여 통수능력을 감퇴시킨다. 반대로 유속이 너무 크면 수로를 세굴(Scourting)한다. 그러므로 수로를 설계할 때는 침전이나 세굴이 일어나지 않는 유속이 되도록 설계하지 않으면 안 된다. 이와 같은 유속을 허용유속(Permissible velocity)이라 한다.

예제 6.3

폭 b = 3.0m, 수심 h = 1.5m인 구형 수로에서 수로 경사가 0.01일 때 평균유속은?
(단, C = 65이고 Chezy의 유속 공식에 의한다.)

해설

$$V = C\sqrt{RI} = 65 \times \sqrt{\frac{3 \times 1.5}{3 + 1.5 \times 2} \times 0.01} = 5.63\text{m/s}$$

예제 6.4

그림과 같은 구형수로에 구배 1/100로 흐르고 있는 물의 유량은? (단, 조도계수 n = 0.0137)

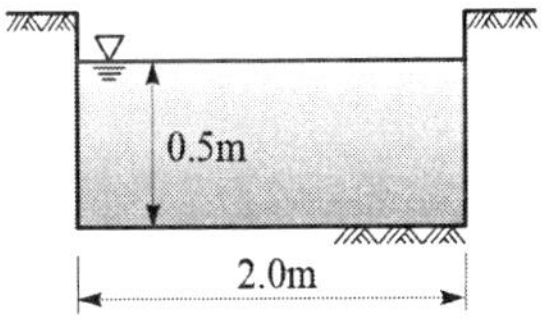

해설

$$Q = AV = A\frac{1}{n}R^{2/3}I^{1/2}$$

$$= (2 \times 0.5) \times \frac{1}{0.0137} \times \left(\frac{2 \times 0.5}{2 + 0.5 \times 2}\right)^{2/3} \times \sqrt{\frac{1}{100}} = 3.51\text{m}^3/\text{sec}$$

예제 6.5

폭이 8m, 수심 6m인 구형 수로에 등류가 흐르고 있을 때 조도계수 n=0.014 라면 쉐지(Chezy)의 계수 C의 값은?

해설

$$C = \frac{1}{n}R^{1/6} = \frac{1}{0.014} \times \left(\frac{8 \times 6}{8 + 6 \times 2}\right)^{1/6} = 82.65 \fallingdotseq 83$$

6.3 수로의 단면형

TIP

직사각형 단면인 경우 수리상 유리한 단면의 구형일 때의 폭과 경심을 숙지하고 있어야 한다.

1. 수리상 유리한 단면

일정한 단면적에 대하여 최대유량이 흐르는 경제적인 단면으로 즉, 경심(동수반경)이 최대이고 윤변이 최소인 단면인 개수로를 말한다.
개수로의 단면형은 여러 가지가 있으나 주로 제형, 구형, 또는 이것에 근사한 형상을 하고 있는 것이 많다. 이것을 설계함에 있어서는 가장 유효하고 경제적인 단면형으로 정하지 않으면 안된다. 그런데 chezy식으로 나타내면 다음과 같다.

$$v = C\sqrt{RI} = C\sqrt{I}\frac{\sqrt{A}}{\sqrt{P}}$$

$$\therefore\ Q = vA = C\sqrt{I}\frac{\sqrt{A^3}}{\sqrt{P}}$$

상기의 식을 분석하면 다음과 같다.

(1) 구배가 주어졌을 때 일정한 단면적에 대한 최대유량은 윤변이 최소일 때 생긴다.
(2) 일정한 구배 하에서 일정한 유량을 얻으려면 윤변이 최소이면 단면적을 최소로 해야 한다.
(3) 일정한 단면에서 일정한 유량을 얻으려면 윤변이 최소이면 가장 완만한 구배로 해야 한다.

지금 Manning 공식에 의하면 다음과 같이 쓸 수 있다.

(1) A, I 를 일정하게 할 때 R을 최대로 하면 Q가 최대가 된다.
(2) A, Q 를 일정하게 하고 R을 최대로 하면 I가 최소가 된다.
(3) I, Q 를 일정하게 하고 R을 최대로 하면 A가 최소가 된다.

이상에서 일정한 단면적에 대하여 경심이 최대일 때 최대유량을 흐르게 한다. 즉 경심이 최대, 윤변이 최소인 단면의 수로를 가장 유리한 경제적 단면이라고 한다.
그런데 수로의 같은 평면형 중에서 윤변이 최소인 것은 암거에 대해서는 원형이며 개거에 대해서는 반원형이다. 그러나 반원형의 수로는 시공이 곤란하므로 그다지 많이 사용되지는 않는다. 그러므로 제형 또는 구형단면이 많이 사용된다.
이 경우에는 위의 조건에 가장 가까운 형상 즉 반원형에 외접하는 형상을 쓸 필요가 있다.

표 6.3 수리상 유리한 단면

구분	해설
직사각형 단면	$B = 2h,\ R = \frac{h}{2}$
사다리꼴 단면	$B = 2l\ ,\ R = \frac{h}{2}$, $b = 2h\tan\frac{\theta}{2} = 2h\tan 30°(\because \theta = 60°)$

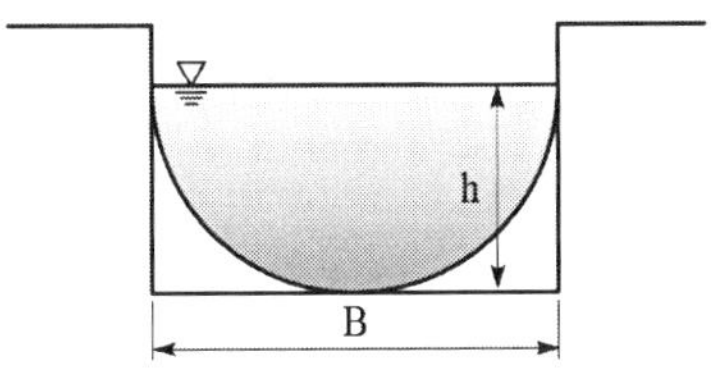

그림 6.1 직사각형 단면수로

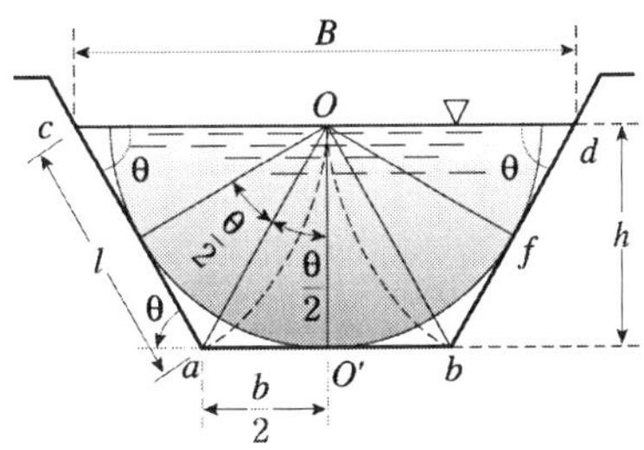

그림 6.2 사다리꼴 단면수로

예제 6.6

수심 2m인 구형 단면수로가 수리상 유리한 단면일 때 수리평균심은?

해설

$$R = \frac{h}{2} = \frac{2\,m}{2} = 1m$$

예제 6.7

수리상 유리한 콘크리트 사각단면 수로에서 수심이 1m일 때 Chezy 유속계수 C는?
(단, n=0.030이다.)

해설

사각단면일 때 수리상 유리한 단면에서 경심(R)은 $\frac{h}{2}$ 이므로

$$C = \frac{1}{n}R^{1/6} = \frac{1}{0.03}\left(\frac{1}{2}\right)^{1/6} = 29.7$$

Chezy의 평균유속계수(C)와 Manning 조도계수(n)와의 관계로부터 $C = \frac{1}{n}R^{1/6}$ 에서 경심 (R)은 다음과 같은 조건에 따라 구분하여 계산한다.

(1) 관수로일 때 : $R = \frac{D}{4}$

(2) 직사각형 개수로일 때 : $R = \frac{Bh}{B+2h}$

(3) 직사각형 광폭수로일 때 : $R = h$

(4) 수리상 유리한 단면인 수로일 때 : $R = \frac{h}{2}$

2. 수리특성곡선

암거나 수로터널에서 물이 전단면에 가득 차서 흐를 때도 있고 단면의 일부분만 차서 흐를 때도 있다. 물이 전단면을 흐를 때는 관수로의 흐름으로 취급하고 단면의 일부분을 흐를 때는 개수로의 흐름으로 취급한다. 이와 같은 수로에 대하여 전 단면에 물이 차서 흐를 때의 단면적을 A_{full}, 경심을R_{full}, 유속을 V_{full}, 유량을 Q_{full}, 이라고 하고 일부분만 차서 흐를 때의 단면적을 A 경심을 R 유속을 V 유량을 Q 라 할 때 임의의 수심 d와 만수시의 수심 D의 비 d/D에 대한 $A/A_{full},$ $R/R_{full},$ $V/V_{full},$ Q/Q_{full}에 대한 관계를 곡선으로 표시해 두면 각 수위에 대한 양을 쉽게 얻을 수 있어 편리하다. 이러한 관계곡선을 수리특성곡선(Hydraulic characterisic curve)이라 한다.
원형관일 경우 관 직경 D의 94%일 때 최대유량이 흐르고, 관 직경 D의 81.3%일 때 최대유속이 흐른다.

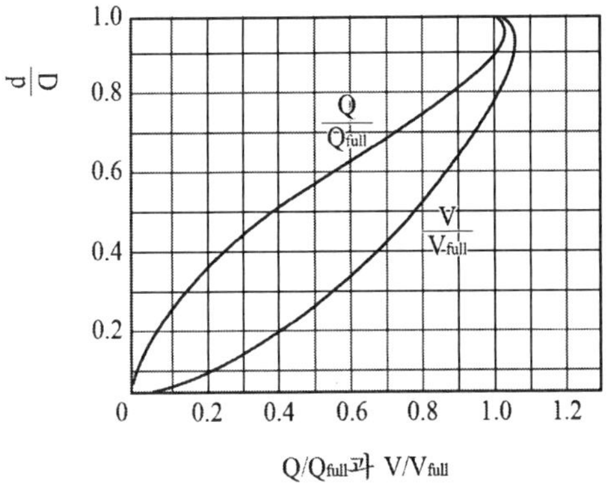

그림 6.3 수리특성곡선

6.4 비에너지와 한계수심

TIP

개수로 부분에서 가장 중요한 내용 중 하나인 비에너지의 정의와 내용을 이해하고 있어야 하며 직사각형일 때의 한계수심 공식은 반드시 숙지해야 한다.

1. 비에너지

기준 수평면이 아닌 수로바닥을 기준으로 한 수두(에너지)로, 단위무게의 유수(물)가 가지고 있는 에너지이며 등류일 때는 비에너지가 일정하다.

비에너지의 정의는 다음과 같으며, 비에너지는 유량이 일정한 경우 수심만의 함수가 됨을 알 수 있다.

$$H_e = h + \alpha \frac{V^2}{2g} = h + \alpha \frac{Q^2}{2gA^2} = h + \alpha \frac{Q^2}{2ga^2h^{2n}}$$

$$\therefore H_e = h + \alpha \frac{Q^2}{2ga^2h^{2n}}$$

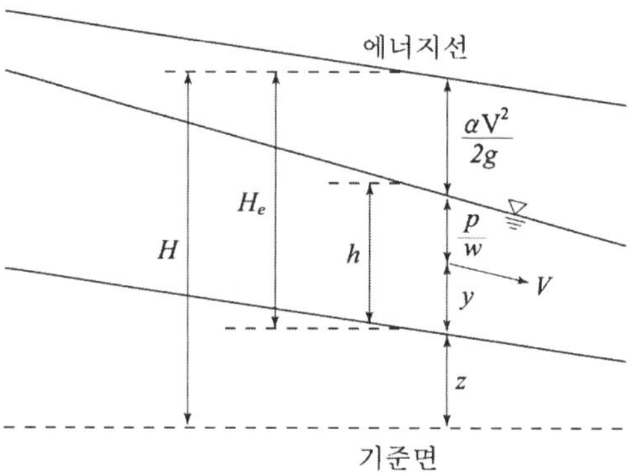

그림 6.4 비에너지

비에너지가 최소일 때의 수심을 한계수심이라 하고, 하나의 비에너지에 대한 수심은 일반적으로 2개(상류 수심 h_2, 사류수심 h_1)가 존재한다. 상기의 식에서 비에너지가 일정하다고 가정하면 Q는 h에 따라 변화하며, 한계수심은 유량이 최대가 될 때이다. 특히, 최소인 비에너지 He min 에 대한 수심은 하나 밖에 없으며, 이것을 한계수심(Critical depth) HC라고 한다. 그리고 이때의 유속을 한계유속(Critical velocity)이라 하며, 한계수심보다 큰 흐름을 상류(Sub critical flow or tranquil flow) 라 하고, 작은 흐름을 사류(Super critical flow or rapid flow)라 부른다. 상류와 사류는 수로구배에 의해서 나타나는 현상으로 완만한 구배는 상류이고 급구배는 사류이다.

$$Q = \sqrt{\frac{2g}{\alpha}(H_e - h)a^2 h^{2n}}$$

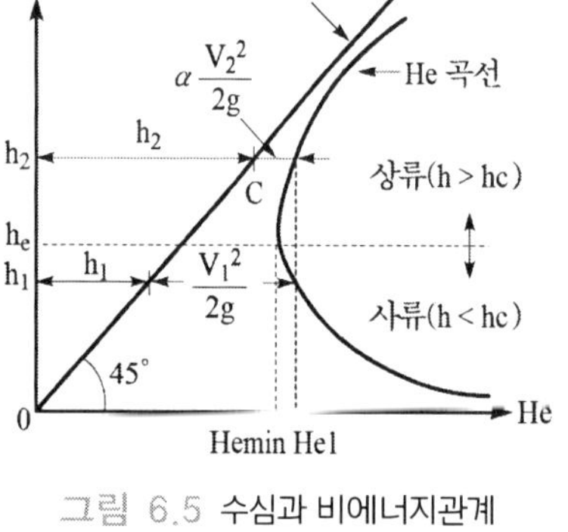

그림 6.5 수심과 비에너지관계

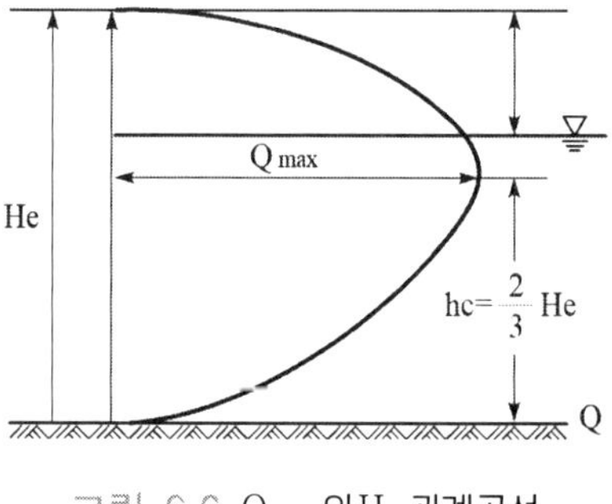

그림 6.6 Q_{max}와H_e 관계곡선

예제 6.8

직사각형 단면의 수로에서 폭 1m당 유량이 0.4m³/sec이고, 수심이 0.8m일 때 비에너지는? (단, 에너지 보정계수는 1.0으로 한다.)

해설

$$H_e = h + \alpha \frac{V^2}{2g} = 0.8 + \frac{1}{19.6}\left(\frac{0.4}{1 \times 0.8}\right)^2 = 0.813\text{m}$$

2. 한계수심

한계유속으로 흐를 때의 수심. 즉, 유량 Q가 일정할 때 비에너지가 최소로 되는 수심을 말하며, 비에너지식의 미분으로부터 일반식을 다음과 같이 유도한다.

$$\frac{\partial H_e}{\partial h} = \frac{\partial}{\partial h}\left(h + \frac{\alpha Q^2}{2gA^2}\right) = 1 + \frac{\alpha Q^2}{2g}\frac{\partial}{\partial h}\left(\frac{1}{A^2}\right) = 0$$

여기에서 $1 - \frac{\alpha Q^2}{gA^3}\frac{\partial A}{\partial h} = 0$, $\frac{\partial A}{\partial h} = \frac{gA^3}{\alpha Q^2}$ 이고 일반적으로 $A = ah^n$이고 $\frac{\partial A}{\partial h} = nah^{n-1}$이므로 대입하여 정리하면 다음과 같은 한계수심의 일반식이 정리된다.

$$\therefore h_c = \left(\frac{n\alpha Q^2}{ga^2}\right)^{\frac{1}{2n+1}}$$

표 6.4 개수로의 단면에 따른 한계수심

구분	해설
사각형 단면	$A = bh$(단, $a = b$, $n = 1$), $\therefore h_c = \left(\frac{\alpha Q^2}{gb^2}\right)^{1/3}$
포물선 단면	$A = ah^{1.5}$(단, $a = a$, $n = 1.5$), $\therefore h_c = \left(\frac{1.5\alpha Q^2}{ga^2}\right)^{1/4}$
삼각형 단면	$A = mh^2$(단, $a = m$, $n = 2$), $\therefore h_c = \left(\frac{2\alpha Q^2}{gm^2}\right)^{1/5}$

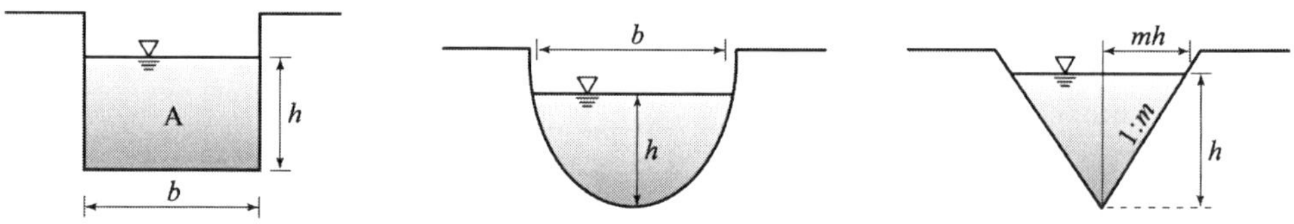

그림 6.7 각 단면에서의 한계수심

예제 6.9

폭이 10m이고 20m³/sec의 물이 흐르고 있는 직사각형 단면수로의 한계수심은? (단, 에너지 보정계수 α= 1.1이다.)

해설

$$h_c = \left(\frac{\alpha Q^2}{gb^2}\right)^{1/3} = \left(\frac{1.1\times 20^2}{9.8\times 10^2}\right)^{1/3} = 0.7657\text{m} = 76.57\text{cm}$$

예제 6.10

최소 비에너지가 1m인 직사각형 수로에서 단위폭당 최대 유량은?

해설

최소 비에너지일 때의 수심이 한계수심이므로, $h_c = \left(\frac{\alpha Q^2}{g b^2}\right)^{1/3}$ 에서,

$h_c = \frac{2}{3} H_e$ 이므로, $\frac{2}{3}\times 1 = \left(\frac{1\times Q^2}{9.8\times 1^2}\right)^{1/3}$

$\therefore Q = 1.7\text{m}^3/\text{s}$

3. 구형 수로의 한계유속

한계수심으로 흐를 때의 유속을 한계유속(Critical velocity)이라 하고 Vc로서 표시한다. 한계수심은 그림 6.5에서 상류수심 h_2보다 작고 사류수심 h_1보다 크다. 한계유속 V_c는 구형수로에서 다음과 같다. 즉, $Q = AV_c = bh_cV_c$에서 한계유속은 다음과 같다.

$$V_c = \frac{Q}{b\,h_c}$$

일반적으로는 $V_c = \sqrt{\frac{g\,h_c}{\alpha}} \fallingdotseq \sqrt{gh} = C$ 인데, 수심 h_c 의 수로에서 장파가 전파하는 속도를 말한다. 그러므로 한계수심으로 흐르는 수로에 있어서는 근사적으로 수류의 속도와 장파의 전파속도가 같다.

예제 6.11

폭이 10m인 구형수로에 유량이 16m³/sec가 1.6m의 수심으로 흐를 때 한계 유속을 구한 값은? (단, 에너지 보정계수 α= 1.1이다.)

해설

$$h_c = \left(\frac{\alpha\,Q^2}{g\,b^2}\right)^{1/3} = \left(\frac{1.1 \times 16^2}{9.8 \times 10^2}\right)^{1/3} = 0.66\text{m},$$

$$V_c = \sqrt{\frac{g\,h_c}{\alpha}} = \sqrt{\frac{9.8 \times 0.66}{1.1}} = 2.42\text{m/s}$$

6.5 흐름의 상태

TIP

상류와 사류의 정의를 이해하고 Fr 수에 의한 흐름의 분류방법 및 상류와 사류의 조건을 숙지해 두어야 한다.

1. 상류(ordinary flow, tranquil flow)와 사류(jet flow, rapid flow)

상류와 사류에 대한 구분은 표 6.5에 정리되었다.

표 6.5 상류와 사류

구분	해설
상류 (ordinary flow, tranquil flow)	C는 $\sqrt{gh}$ 인 장파의 전파속도이고 V가 C보다 작으면 장파가 상류(上流)로 전달된다. 이러한 흐름을 상류(常流)라 하고 V가 C보다 크면 장파가 상류로 전달되지 못하며 이러한 흐름을 사류(射流)라 한다.
사류 (jet flow, rapid flow)	

2. Fr 수에 의한 흐름의 분류

상류와 사류를 구분하기 위하여 제안된 중력에 대한 관성력의 비인 Froude 수는 다음과 같다.

$$\therefore Fr = \frac{V}{\sqrt{gh}}$$

(1) 상류 : $Fr = \frac{V}{C} = \frac{V}{\sqrt{gh}} < 1$

(2) 한계류 : $Fr = 1$(이 때의 수심을 한계수심, 유속을 한계유속이라 한다.)

(3) 사류 : $Fr = \frac{V}{C} = \frac{V}{\sqrt{gh}} > 1$

예제 6.12

직사각형 개수로의 단위폭당의 유량이 $5m^3/sec$, 수심이 5m이면 후르드 수 및 흐름의 종류는?

해설

$$V = \frac{Q}{A} = \frac{5}{1 \times 5} = 1.0m/sec$$

$Fr = \frac{V}{\sqrt{gh}} = \frac{1}{\sqrt{9.8 \times 5}} = 0.143 < 1$ 이므로 상류이다.

3. Reynolds 수에 의한 흐름의 분류

$Re = \frac{VR}{\nu}$ 에서 $R = \frac{D}{4}$ 이므로

$$\therefore Re_c \fallingdotseq \frac{2000}{4} = 500$$

표 6.6 개수로의 층류와 난류

구분	해설
$Re = \frac{VR}{\nu} < 500$	층 류
$Re = \frac{VR}{\nu} > 500$	난 류

4. 지배단면

한계수심이 생기는 단면으로서 상류에서 사류로 변하는 단면을 지배단면(Control section)이라 하고 이 때의 경사를 한계경사라 한다. 한계경사는 다음과 같이 나타낸다.

$$I_c = \frac{g}{\alpha C^2} = \frac{g}{\alpha \frac{1}{n^2}(R^{1/6})^2} = \frac{g\,n^2}{\alpha \cdot R^{1/3}}$$

표 6.7 개수로의 한계경사

구분	해설
$I < \frac{g}{\alpha C^2}$	상 류
$I > \frac{g}{\alpha C^2}$	사 류

그러므로 상류와 사류의 조건을 정리하면 다음과 같다.

(1) 상류 : $h > hc$, $V < Vc$, $Fr < 1$, $I < Ic$

(2) 사류 : $h < hc$, $V > Vc$, $Fr > 1$, $I > Ic$

6.6 도수

TIP

비력과 도수의 정의를 숙지하고 도수후의 수심과 에너지 손실, Fr 수에 따른 도수의 분류를 이해하고 있어야 한다.

1. 도수(hydraulic jump) 현상

흐름이 사류에서 상류로 변할 때 수면이 불연속적으로 뛰는 현상으로 가지고 있는 에너지의 일부를 와류와 난류를 통하여 소모하며 도수전후의 충력치(비력)는 동일하다. 도수공식은 운동량 방정식을 적용하여 다음과 같이 유도한다.

$$P_1 - P_2 = \frac{\omega}{g} Q (V_2 - V_1)$$

$$\omega h_{G_1} A_1 - \omega h_{G_2} A_2 = \frac{\omega}{g} Q (V_2 - V_1)$$

$$h_{G_1} A_1 - h_{G_2} A_2 = \frac{Q}{g} (V_2 - V_1)$$

$$h_{G_1} A_1 - h_{G_2} A_2 = \frac{Q^2}{g A_2} - \frac{Q^2}{g A_1} (\because Q = A_1 V_1 = A_2 V_2)$$

$$\frac{h_1^2}{2} - \frac{h_2^2}{2} = \frac{q^2}{g h_2} - \frac{q^2}{g h_1} (\because A_1 = h_1,\ A_2 = h_2,\ q = h_1 V_1)$$

$$\frac{h_1^2}{2} - \frac{h_2^2}{2} = \frac{h_1^2 V_1^2}{g h_2} - \frac{h_1^2 V_1^2}{g h_1}$$

$$\frac{(h_1 + h_2)(h_1 - h_2)}{2} = \frac{V_1^2 h_1}{g h_2} (h_1 - h_2)$$

$$\frac{h_1 + h_2}{2} - \frac{V_1^2 h_1}{g h_2} = 0$$

$$h_2^2 + h_1 h_2 - \frac{2 V_1^2}{g} h_1 = 0$$

상기의 식h_2에 대해 근의 공식을 이용하면 다음과 같다.

$$h_2 = \frac{-h_1 + \sqrt{{h_1}^2 + \frac{8{V_1}^2 h_1}{g}}}{2}$$

$$\therefore h_2 = -\frac{h_1}{2} + \frac{h_1}{2}\sqrt{1 + 8{Fr_1}^2}\left(\therefore Fr_1 = \frac{V_1}{\sqrt{g h_1}}\right)$$

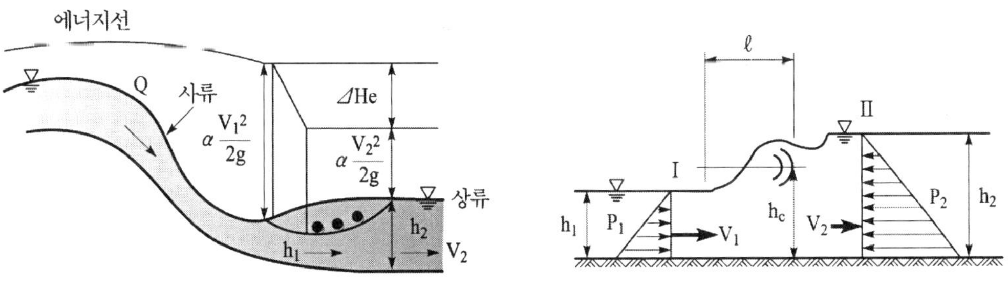

그림 6.8 도수 현상

(1) 도수후 수심(=도수고, 공액수심)

$$\therefore h_2 = \frac{h_1}{2}(-1 + \sqrt{1 + 8Fr_1^2})$$

(2) 도수로 인한 에너지손실

$$\therefore \Delta H_e = \frac{(h_2 - h_1)^3}{4 h_1 h_2}$$

(3) Fr 수에 의한 도수의 분류

1 ~ $\sqrt{3}$	$\sqrt{3}$ ~ 2.5	2.5 ~ 4.5	4.5 ~ 9	9 →
파상도수	약도수	진동도수	정상도수	강도수
불완전 도수←	**→완전도수**			

예제 6.13

구형수로에서 도수가 일어날 때 유량 $Q = 42m^3/sec$이고, 수로폭 $B = 10m$, 수심 $h_1 = 0.5m$였다. 이에 대응하는 상류수심 h_2를 구하면 얼마인가?

해설

$$h_2 = \frac{h_1}{2}\left(-1+\sqrt{1+8\frac{{V_1}^2}{g h_1}}\right) = \frac{0.5}{2}\times\left(-1+\sqrt{1+8\times\frac{8.4^{\,2}}{9.8\times 0.5}}\right) = 2.45m$$

$$V_1 = \frac{42}{10\times 0.5} = 8.4m/s$$

예제 6.14

도수가 일어나기 전후의 수로 깊이가 각각 1.5m, 9.24m일 때 도수로 인한 손실 수두는 얼마인가?

해설

$$\Delta H_e = \frac{(h_2-h_1)^3}{4h_1 h_2} = \frac{(9.24-1.5)^3}{4\times 1.5\times 9.24} = 8.36m$$

▶ 기타 도수의 길이를 산정하는 경험식

① Smetana 공식 : $L = 6(h_2 - h_1)$

② Safranez 공식 :$L = 4.5h_2$

③ U.S.B.R(미개척국) 공식 : $L = 6.1h_2$

④ Woycicki 공식 : $L = \left(8 - 0.05\frac{h_2}{h_1}\right)(h_2 - h_1)$

⑤ Bakhmeteff-Matzke 공식 : $L = 4.8h_2$

2. 비력(충력치)

개수로 내 한 단면에서의 물의 단위 무게당 운동량(=동수압)과 전수압의 합과 같다. 즉, 개수로 내의 정류의 문제를 해결할 때는 에너지 방정식을 응용하는 방법과 운동량 방정식을 응용하는 경우가 있다. 그림 6.8에서 운동량 방정식을 적용하면 다음과 같다.

$$\sum F = \rho Q(\eta_2 V_2 - \eta_1 V_1) = \frac{w_o}{g} Q(\eta_2 V_2 - \eta_1 V_1)$$

각 단면에 대하여 일정하므로

$$M = \eta \frac{Q}{g} V + h_G A = const$$

이 때 M을 충력치(special force)라 한다. 여기에 $V = \frac{Q}{A}$를 대입하면 다음과 같다.

$$M = \eta \frac{Q^2}{gA} + h_G A$$

즉, A와 h_G는 수심 h의 함수이므로 결국 충력치 M은 수심의 함수라고 할 수 있다.
일정한 유량에 대하여 M과 h의 관계를 그리면 그림 6.9와 같은 곡선이 된다. 그림에서 보는 바와 같이 한 충력치 M_1에 대하여 두 수심 h_1 및 h_2가 존재한다. 이것들을 서로 대응수심(sequent depth)이라고 부르며 최소충력치 Mmin에 대한 수심은 $\frac{\partial M}{\partial h} - 0$ 인 조건을 써서 구할 수 있다. 즉, 최소충력치에 대한 수심이 한계수심이다. 이는 비에너지가 최소인 수심과 근사적으로 같다.

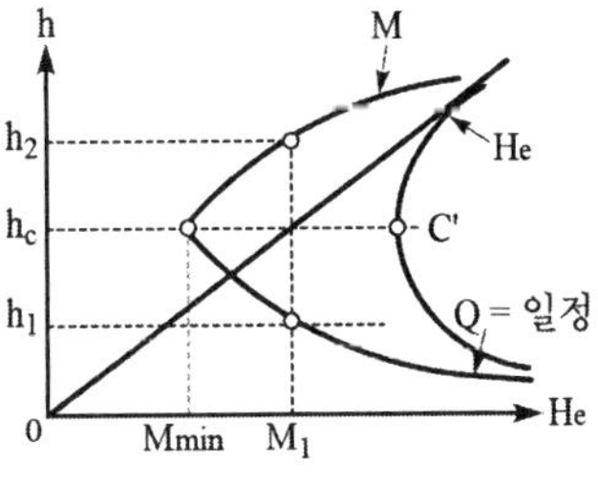

그림 6.9 M 과 h 관계곡선

예제 6.15

유량 $8m^3/sec$, 폭 4m, 수심 1m의 구형 수로에서 비력(specific force)을 계산하시오.
(단, $\eta = 1.0$으로 한다.)

해설

$$M = \eta \frac{Q}{g} V + h_G A = 1 \times \frac{8}{9.8} \times \frac{8}{4 \times 1} + \frac{1}{2} \times (4 \times 1) = 3.63m^3$$

6.7 부등류의 수면곡선

TIP

완경사일 때의 부등류 수면형의 구분 방법 및 배수곡선과 저하곡선의 조건 및 정의를 이해하고 있어야 한다.

부등류란 흐름의 상태가 시간에 따라 변하지 않고 장소에 따라서만 변화하는 정상부등류(steady-varied flow) 또는 부등속정류(nonuniform steady flow)를 줄인 말이다.

1. 부등류의 수면형(Surface profile)

흐름의 형상은 수면곡선식으로 나타낼 수 있다.

$\frac{dh}{dx}$가 (+)이면 흐름을 따라 수심이 증가하고, (−)이면 감소하며, $\frac{dh}{dx} = 0$이면 수심은 일정하게 되어 등류가 되어 다음의 결과를 얻는다.

영역 ① : $h > h_0 > h_c, i > I_e$, $Fr < 1$, 이면 $\frac{dh}{dx} > 0$: 1곡선(배수곡선)

영역 ② : $h_0 > h > h_c$, $i < I_e$, $Fr < 1$, 이면 $\frac{dh}{dx} < 0$: 2곡선(저하곡선)

영역 ③ : $h_0 > h_c > h$, $i < I_e$, $Fr > 1$, 이면 $\frac{dh}{dx} > 0$: 3곡선

여기서, i : 수로경사, I_e : 에너지 경사

한계경사를 i_c라 할 때

$i < i_c$이면 완경사(mild slope, M)

$i = i_c$이면 한계경사(critical slope, C)

$i > i_c$이면 급경사(steep slope, S)

$i = 0$이면 바닥경사는 수평(horizontal, H)

$i < 0$이면 역경사(adverse, A)

로 하여, 위의 각 영역에 대하여 발생가능한 수면형을 도시하면 다음 그림과 같다.

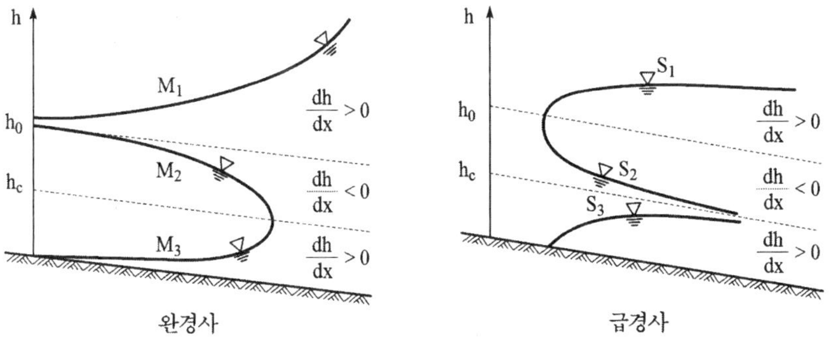

그림 6.10 부등류의 수면형

부등류의 수면형 계산은 상류 또는 배수곡선인 경우 지배단면에서 상류측으로 계산하며, 사류인 경우는 지배단면에서 하류측으로 계산한다.

(1) 배수곡선과 저하곡선

① 배수곡선(Back water curve)
흐름이 상류(常流)인 장소에 댐이나 위어 등을 설치하여 수면을 상승시키면 이 영향이 상류(上流)측으로 전파되어 상류(上流)측의 수면이 상승하고 상류(上流)로 갈수록 등류수심에 접근하는 댐의 상류부에서 발생하는 저수지의 수면곡선.

② 저하곡선(Drop water curve)
수로가 단락(段落)되거나 폭포와 같이 수로의 경사가 갑자기 커져서 수면이 저하되고 수심이 흐름방향으로 감소하는 형태의 수면곡선.

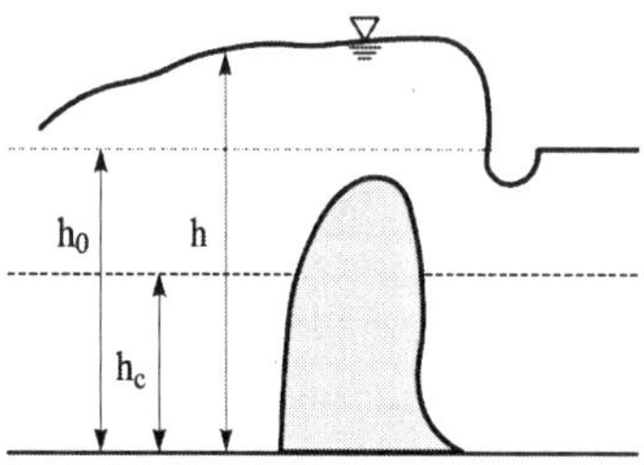

그림 6.11 배수곡선

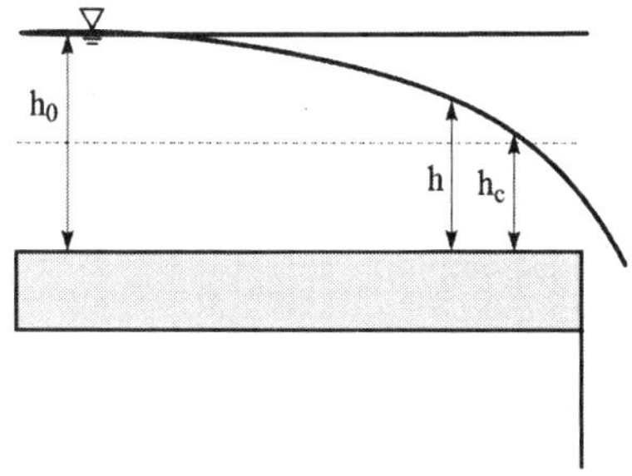

그림 6.12 저하곡선

표 6.8 경사에 따른 부등류의 수면형

수로의 분류	수 면 형 상	수심 H의 Ho, Hc에 대한 관계	수면형의 종 류	흐름의 분 류
급경사수로 $H_o < H_c$	S_1 S_2 S_3	$H > H_c > H_o$ $H_c > H > H_o$ $H_c > H_o > H$	배수 곡선 저하 곡선 배수 곡선	상 류 사 류 사 류
한계경사수로 $H_o = H_c$	C_1 C_2 C_3	$H > H_c = H_o$ $H > H_c > H_o$ $H_c = H_o > H$	배수 곡선 수로저에 평행 배수 곡선	상 류 한계등류 사 류
완경사수로 $H_o > H_c$	M_1 M_2 M_3	$H > H_o > H_c$ $H = H_c > H_0$ $H_c = H_0 > H$	배수 곡선 저하 곡선 배수 곡선	상 류 상 류 사 류
수평 수로 $I=0$	H_2 H_3	$H_o > H > H_c$ $H_o > H_c > H$	저하 곡선 배수 곡선	상 류 사 류
역경사수로 $I < 0$	A_2 A_3	$H > H_c$ $H_c > H$	저하 곡선 배수 곡선	상 류 사 류

(2) 부등류의 수면곡선 계산식(직접계산법)으로는 다음과 같은 경험식이 있다.

① Bresse 식

② Tolkmitt 식

③ Bakhmeteff 식

④ Chow 식

단면이 일정하지 않은 수로의 수면곡선식 계산방법으로는 다음과 같은 방법이 있다.

① 시산법

② Escoffier의 도식해법

③ 유량대 수심곡선에 의한 도해법

④ 비에너지대 수심곡선에 의한 도해법

핵심용어 및 내용

1. 경심(수리평균심) : 유수단면적(A=BH)을 윤변(P)으로 나눈 값(R)

2. 수리상 유리한 단면(반원이 내접한 단면)
   - ▶ 일정단면적에 대하여 최대유량이 흐르는 단면
   - ▶ 경심(R)이 최대이고 윤변(P)이 최소인 단면.

   ex) 직사각형단면 $B = 2h$, $R = h/2$

3. 비에너지

   수로바닥을 기준으로 한 단위무게의 물의 에너지.

   $$H_e = h + \alpha\frac{V^2}{2g} = h + \alpha\frac{Q^2}{2gA^2}$$

4. 한계수심 : 유량(Q)이 일정할 때 비에너지가 최소로 되는 수심

   비에너지(He)가 일정할 때 유량이 최대로 되는 수심

   - ▶ 일반식 : $h_c = \left(\frac{n\alpha Q^2}{g a^2}\right)^{\frac{1}{2n+1}}$
   - ▶ 사각형 단면 : $h_c = \left(\frac{\alpha Q^2}{g b^2}\right)^{1/3}$

5. 한계경사

   상류에서 사류로 변하는 단면을 지배단면이라 하고 이때의 경사를 한계경사라 한다.

   $$I_c = \frac{g}{\alpha C^2} = \frac{g}{\alpha\frac{1}{n^2}(R^{1/6})^2} = \frac{g\,n^2}{\alpha \cdot R^{1/3}}$$

6. 도수
   - ▶ 충력치(비력) : 개수로내 한 단면에서의 물의 단위 무게당 운동량과 전수압의 합.

   $$M = \eta\frac{Q}{g}V + h_G A = \text{const.}$$

▶ 도수후 수심 : $h_2 = \frac{h_1}{2}(-1 + \sqrt{1 + 8 Fr_1^2})$

▶ 도수로 인한 에너지손실 : $\Delta H_e = \frac{(h_2 - h_1)^3}{4 h_1 h_2}$

7. 배수곡선

흐름이 상류(常流)인 장소에 댐이나 위어 등을 설치하여 수면을 상승시키면 이 영향이 상류(上流)측으로 전파되어 상류(上流)측의 수면이 상승하고 상류(上流)로 갈수록 등류수심에 접근하는 수면곡선.

되집어보기

1. 그림과 같은 좌우가 대칭인 하천단면의 경심(R)은?

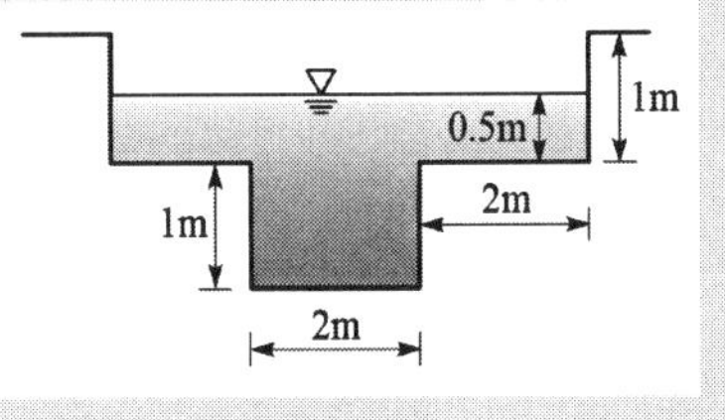

해설

경심 $R = \dfrac{A}{P} = \dfrac{0.5 \times 6 + 2 \times 1}{2 \times (0.5 + 2 + 1) + 2} = 0.56$

2. 수심 2m, 폭 4m의 직사각형 단면 개수로의 유량을 Manning의 평균유속 공식을 사용하여 구한 값은? (단, 수로경사 $i = \dfrac{1}{100}$, 수로의 조도계수 n=0.025)

해설

$Q = AV = A\dfrac{1}{n}R^{2/3}I^{1/2} = (4 \times 2) \times \dfrac{1}{0.025} \times \left(\dfrac{4 \times 2}{4 + 2 \times 2}\right)^{2/3} \times \sqrt{1/100}$

$= 32\ m^3/s$

3. 동일한 단면과 수로경사에 대하여 최대유량이 흐르는 조건은?

해설

$Q = AC\sqrt{RI} = \dfrac{1}{n}R^{2/3}\ I^{1/2}$에서 유량이 최대($Q_{max}$)일 때는 경심이 최대($R_{max}$)이거나 윤변이 최소($P_{min}$)이어야 한다.

4. 수리상 유리한 단면을 갖는 직사각형 수로의 수심이 2.0m일 때 Chezy의 유속계수 C는? (단, Manning의 조도계수 $n = 0.03 sec/m^{1/2}$)

해설

직사각형 수로에서 수리상 유리한 단면일 때 경심 $R = \dfrac{h}{2}$ 이므로

$C = \dfrac{1}{n}R^{1/6} = \dfrac{1}{0.03}\left(\dfrac{2}{2}\right)^{1/6} = 33.33 m^{1/2}/s$

5. 수면 경사 1/10,000인 구형단면 수로에 유량 30m³/sec를 흐르게 할 때 수리상 유리한 단면을 결정하면? (단, Manning 공식을 쓰고, n = 0.025이다. 또한, 구형은 폭 B, 수심은 h이다.)

해설

$$Q = A\frac{1}{n}R^{2/3}\,I^{1/2} \text{에서 } 30 = 2h^2 \times \frac{1}{0.025} \times \left(\frac{h}{2}\right)^{2/3}\sqrt{\frac{1}{10,000}}$$

$$h^{8/3} = 59.528 \text{에서} \therefore h = 4.63\text{m}, B = 2h = 9.26\text{m}$$

6. 폭 8m 구형 단면수로에 $40\text{m}^3/\text{s}$의 물을 수심 5m로 흐르게 할 때의 비에너지는? (단, 에너지 보정계수 $\alpha \fallingdotseq 10/9$으로 가정한다.)

해설

$$H_e = h + \alpha\frac{V^2}{2g} = h + \alpha\frac{1}{2g}\left(\frac{Q}{A}\right)^2 = 5 + \frac{10}{9} \times \frac{1}{19.6}\left(\frac{40}{5\times 8}\right)^2 = 5.06\text{m}$$

7. 폭 11m인 직사각형 단면 수로에 0.6m의 수심으로 $25\text{m}^3/\text{sec}$의 유량이 흐른다. 조도계수 $n = 0.025$, 에너지 보정계수 $\alpha = 1$일 때 한계수심은?

해설

$$h_c = \left(\frac{\alpha Q^2}{g b^2}\right)^{1/3} = \left(\frac{1.0 \times 25^2}{9.8 \times 11^2}\right)^{1/3} = 0.808\text{m}$$

8. 그림에서 y가 한계수심이 되었다면 단위 폭에 대한 유량은? (단, $\alpha = 1.0$이다.)

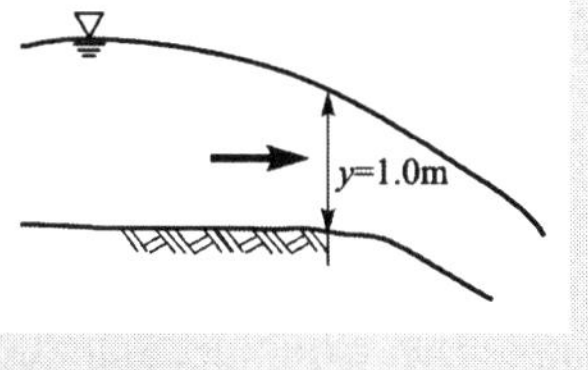

해설

$$h_c = \left(\frac{\alpha Q^2}{g b^2}\right)^{1/3} \text{ 에서 } 1 = \left(\frac{1\times Q^2}{9.8\times 1^2}\right)^{1/3} \text{ 이므로 } Q = 3.13\text{m}^3/\text{sec}$$

9. 폭 1.5m인 직사각형 수로에 유량 $1.8\ \text{m}^3/\text{sec}$의 물이 항시 수심 1m로 흐르는 경우 이 흐름의 상태는? (단, α= 1.1)

해설

$$V = \frac{Q}{A} = \frac{1.8}{1.5 \times 1} = 1.2\mathrm{m/sec}$$

$$Fr = \frac{V}{\sqrt{gh}} = \frac{1.2}{\sqrt{9.8 \times 1}} = 0.383 < 1$$ 이므로 상류이다.

10. 수심이 10cm이고 수로 폭이 20cm인 직사각형 개수로에서 유량 $Q = 80\ \mathrm{cm^3/sec}$가 흐를 때 동점성계수 $\nu = 1.0 \times 10^{-2}/\mathrm{s}$이면 흐름은?

해설

$$R = \frac{A}{P} = \frac{20 \times 10}{20 + 2 \times 10} = 5\mathrm{cm}$$

$$Re = \frac{VR}{\nu} = \frac{\frac{80}{20 \times 10} \times 5}{1 \times 10^{-2}} = 200 < 500 \quad \therefore \text{충류}$$

$$Fr = \frac{\frac{80}{20 \times 10}}{\sqrt{980 \times 10}} = 0.004 < 1 \quad \therefore \text{상류}$$

11. 수로폭이 4m인 급경사 사각형 수로에 수심이 0.5m로 흐를 때 흐름이 한계류가 되기 위한 유량은?

해설

한계류일 조건 $Fr = \frac{V}{\sqrt{gh}} = 1$ 에서 $\frac{\frac{Q}{4 \times 0.5}}{\sqrt{9.8 \times 0.5}} = 1$ 이므로

$\therefore Q = 4.43\mathrm{m^3/sec}$

12. 개수로에서 도수가 발생할 때 도수전의 수심이 0.5m, 유속이 7m/sec이면 도수 후의 수심은 얼마가 되겠는가?

해설

$$Fr_1 = \frac{V_1}{\sqrt{gh_1}} = \frac{7}{\sqrt{9.8 \times 0.5}} = 3.16$$

$$\therefore h_2 = \frac{h_1}{2}\left(-1 + \sqrt{1 + 8\,Fr_1^2}\right) = \frac{0.5}{2}\left(-1 + \sqrt{1 + 8 \times 3.16^2}\right) = 2.0\mathrm{m}$$

13. 도수 전후의 수심이 각각 1.8m와 4.5m 이다. 도수로 인한 에너지 손실은?

해설

도수에 의한 에너지 손실량

$$\Delta H_e = \frac{(h_2 - h_1)^3}{4h_1h_2} = \frac{(4.5-1.8)^3}{4\times1.8\times4.5} = 0.6\text{m}$$

14. 다음 단면 2에서 V_2 를 구한 값은? (단, 마찰 손실은 무시한다.)

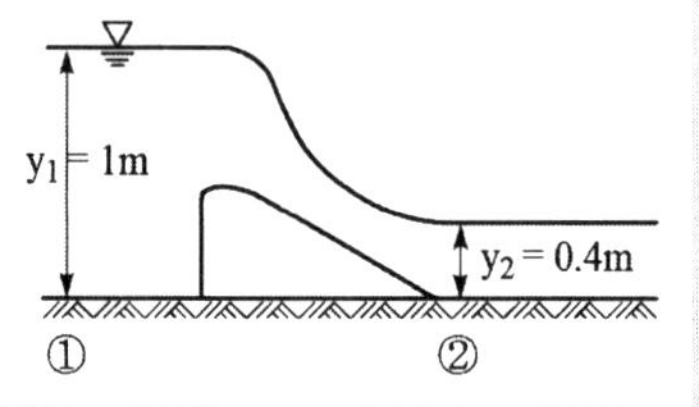

해설

Bernoulli 정리에서 $1 + \frac{V_1{}^2}{19.6} = 0.4 + \frac{V_2{}^2}{19.6}$ 이고, (∵ 대기압 = 0)

연속방정식으로부터 $1 \times V_1 = 0.4 \times V_2$ 이므로

$1 + \frac{(0.4V_2)^2}{19.6} = 0.4 + \frac{V_2{}^2}{19.6}$ 에서

$$1 - 0.4 = \frac{V_2{}^2(1-0.16)}{19.6}$$

$\therefore V_2 = 3.74\text{m/sec}$

15. 수로바닥 경사를 거의 무시할 수 있는 어떤 직사각형 수로에서 Q = 6.4m³/sec, 수심 0.8m, 폭 2m일 때 충력값을 구한 값은? (단, η = 1이다.)

해설

$$M = \eta\frac{Q}{g}V + h_GA = \frac{6.4}{9.8}\times\frac{6.4}{2\times0.8} + \frac{0.8}{2}\times(2\times0.8) = 3.25\text{m}^3$$

16. 배수곡선(backwater curve)을 설명하시오.

해설

상류 상태로 흐르는 개수로인 하천에 댐과 같은 구조물을 만드는 경우, 수위는 수리 구조물에 접근하면서 점점 상승한다. 이러한 수위상승이 상류(上流)쪽으로 영향을 미쳐 등류수심에 가까워지는 저수지의 수면곡선을 배수곡선(back water curve)이라 한다.

17. 수로 경사가 급한 폭포와 같이, 수심이 흐름방향으로 감소하는 형태의 수면 곡선을 무엇이라고 하는가?

해설

수로의 경사가 갑자기 커질 때나 폭포와 같이 수심이 흐름방향으로 감소하는 수면곡선은 저하곡선이다.

MEMO

CHAPTER

07 지하수

CHAPTER 07

지하수

7.1 지하수의 흐름

TIP

Darcy의 법칙을 확실하게 이해하고 숙지해 두도록 한다.

지표에 내린 강우나 눈은 그 일부가 땅속으로 침투하게 되는데 이 물이 암반이나 점토같은 물을 통과시키지 않는 층에 달하면 그 지층 위에 고여 충만되여 있는 물을 지하수(Ground water)라 하며 그 표면을 지하수면 (Ground water table) 이라 부른다. 이는 토사입자의 표면에 있는 물이 그 양이 많아지면 토사입자의 간극에 충만된 물이 중력의 작용을 받아 아래로 내려가게 되고 이 물을 잘 통과시키지 않는 지층 위에 모여 지하수가 되는 것이다.

일반적으로 지하수면 부근에는 모세관 현상이 있으나 그것을 생각하지 않으면 수면이 지하수면이며 대기압만이 작용한다고 본다. 이와 같이 대기압이 작용하는 지하수면을 가지는 지하수를 자유지하수(free ground water)라고 부르고 불투수층 사이에 낀 투수층내에 포함되어 있는 지하수는 지하수면을 갖지 않는 피압지하수(Confined ground water) 라고 말한다. 그러므로 지하수가 성립할려면 모래나 자갈같이 물을 잘 통과시키는 층 즉 투수층과 그 밑에 암반이나 점토같은 물을 잘 통과시키지 않는 지층 즉 불 투수층이 있어야 한다. 불투수층은 그 정도에 따라 난투수층과 비투수층으로 나누는 경우도 있는데 니토(泥土)나 점토층을 난투수층, 굳어진암반과 같은 것을 비투수층이라고 한다.

결국 지하수는 불투수층위의 투수층안에 고여 있거나 유동하는 것이며 지하수로 포화되어 있거나 지하수가 유동하는 투수층을 지하수층(ground water zone) 또는 대수층(帶水層, aquifere)이라 한다.

지하수로 포화되어 있는 부분을 포화대라 하고 그 윗쪽의 물로 포화되어 있지 않고 오히려 공기가 빈틈을 차지하고 있는 부분을 통기대라고 하는데 이 통기대의 경계가 지하수면이다. 그러나 땅속에서는 모세관현상이 일어나고 있으니까 그 잇표면의 부근은 복잡한 모양을 하게 되는데 우리가 실제 볼수 있는 지하수면이란 Boring공안에 나타나는 수면이다.

투수층이 언제나 지하수로 포화되어 있는 것은 아니기 때문에 투수층은 대수층으로 될 수는 있지만 항상 대수층인 것은 아니다.
또한 난투수층은 포화되어 있어도 대수층이라 하지는 않지만 비투수층에 공동이나 틈새가 있어 이곳에 물이 차 있는 경우는 대수층이라 하여도 좋다.

1. 연속방정식

Euler의 3차원 연속방정식에서 비압축성 유체의 정류흐름에 대해 Darcy 법칙을 적용하면 다음과 같다.

$$\frac{\partial^2\phi}{\partial x^2}+\frac{\partial^2\phi}{\partial y^2}+\frac{\partial^2\phi}{\partial z^2}=0$$

$$\frac{\partial^2 h}{\partial x^2}+\frac{\partial^2 h}{\partial y^2}+\frac{\partial^2 h}{\partial z^2}=0\ (\nabla^2\cdot h=0)$$

지하수 흐름은 Laplace 방정식을 만족하므로 이를 간단히 표시하면 다음과 같다.

$$\nabla^2\cdot\phi=0,\ \nabla^2\cdot h=0)$$

여기서, $\nabla^2=\frac{\partial^2}{\partial x^2}+\frac{\partial^2}{\partial y^2}+\frac{\partial^2}{\partial z^2}$

2. Darcy의 법칙

지하수 흐름의 기본 방정식으로 Darcy의 법칙은 흙입자 사이를 통과하는 유체의 속도를 구하는 식으로, 지배하는 힘은 중력이며, 동수경사에 비례한다.

$$\therefore Q=AV=A\cdot K\cdot\frac{dh}{dl}=A\cdot K\cdot I$$

여기서, A : 투과 단면적, V : 투과속도, K : 투수계수,
dh : dl구간의 손실수두, dl : 침투길이, I : 동수경사

(1) Darcy 법칙의 적용범위는 Re = 1 ~ 10 (**Re < 4**)의 층류인 경우에 적용한다.

(2) Darcy 법칙의 가정조건

① 다공층을 구성하고 있는 물질의 특성이 균일하고 동질이다.

② 대수층(aquifer)내에는 모세관대가 존재하지 않는다.

③ 흐름은 정상류이다.

④ 유속은 입자사이를 흐르는 평균이론유속이다.

(3) 1 Darcy는 1기압/cm 하에서 1centipoise의 점성을 가진 유체가 1cm²당 1cc/sec의 유량으로 흐를 때의 투수계수이다.

$$1\,\text{Darcy} = \frac{\dfrac{1\,\text{centipoise} \times 1\text{cm}^3/\text{sec}}{1\text{cm}^2}}{1\text{기압}/\text{cm}} = 0.987 \times 10^{-8}\text{cm}^2$$

(4) 투수계수(Coefficient of Permeability)

① 속도(유속)의 차원 $[LT^{-1}]$이며 물의 흐름에 대한 흙의 저항정도를 의미하며 지하수의 특성과 관계있다.

$$K = K' \frac{\rho g}{\mu}$$

여기서, K'은 Darcy의 단위이며 토사의 크기와 간극률에 따라 변화하고 차원은 $[L^2]$이다.

② 영향을 미치는 인자

$$K = {D_{10}}^2 \frac{\gamma_w}{\mu} \frac{e^3}{1+e} C$$

㉮ 흙입자의 형상 및 크기(입경) ㉯ 토사의 공극율 ㉰ 포화도 ㉱ 흙입자의 구조
㉲ 유체의 점성(계수) ㉳ 유체의 단위중량 ㉴ 지하수의 온도

(5) 지하수의 실제유속

V(이론유속)=nV_s(실제유속)

여기서, n은 공극률

예제 7.1

지하의 사질 여과층에서 수두차 h가 0.5m이며 투과거리 l 이 2.5m일 경우에 이곳을 통과하는 지하수의 유속은? (단, 투수계수는 0.3cm/sec임)

해설

$$V = KI = K\frac{dh}{dl} = 0.3 \times \frac{50}{250} = 0.06\text{cm/sec}$$

예제 7.2

그림과 같은 투수층 내를 흐르는 유량은 얼마인가? (단, 투수계수 K=1m/day이다.)

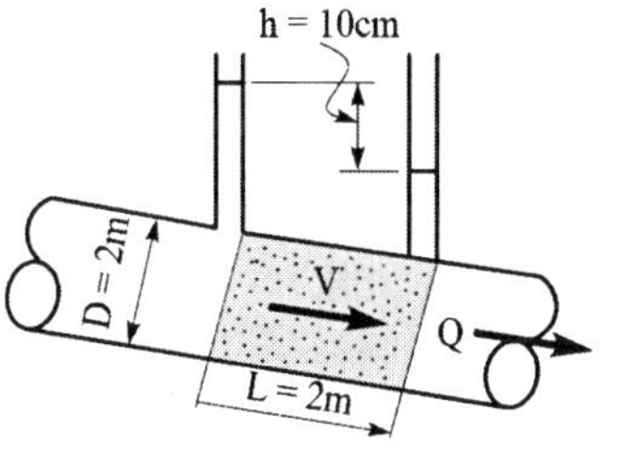

해설

$$Q = AKI = AK\frac{dh}{dl} = \frac{\pi \times 2^2}{4} \times 1 \times \frac{0.1}{2} = 0.157m^3/day$$

예제 7.3

그림과 같은 투수층 내를 흐르는 유량은 얼마인가? (단, 투수계수 K=1m/day이다.)

해설

$$Q = AKI = AK\frac{dh}{dl} \text{에서 } \frac{500}{86,400} = A \times 0.08 \times 10^{-2} \times \frac{0.5}{2}$$

$$\therefore A = 28.94m^2$$

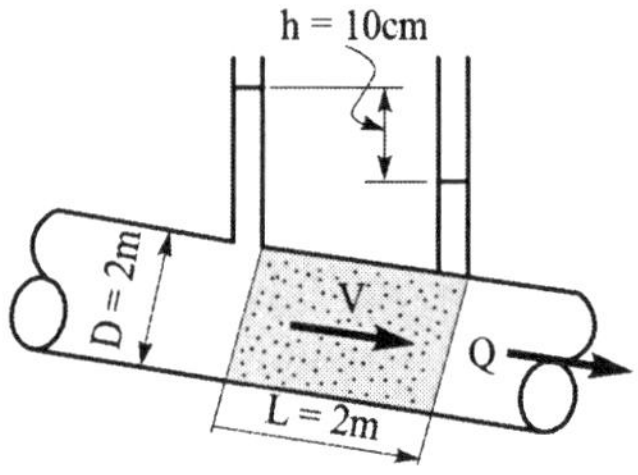

7.2 투수계수 결정

TIP

투수계수를 구하는 공식을 숙지하고 있어야 한다.

1. 투수계수 결정방법

투수계수를 측정하는 방법에는 현장에서 채취한 시료에 대한 실험실 내에서의 측정방법과 현장에서 자연지반에 대하여 측정하는 방법이 있다.

표 7.1 투수계수 결정법

구분	해설
정수위 투수시험	$K = \frac{Ql}{hAt}$
변수위 투수시험	$K = \frac{al}{A}\frac{1}{t_2 - t_1}\ln\left(\frac{h_1}{h_2}\right)$
압밀시험에 의한 간접적인 방법	$K = c_v\, m_v\, r_w$

측정의 목적과 토질현장의 조건 등에 의하여 여러 가지 방법 또는 장치가 사용되고 있으며 실내에서 투수시험기를 사용하여 측정하는 실내법과 현장에서 투수계수를 측정하는 현장법이 있다.

실내법에는 사질토와 같은 투수성이 높은 흙에서 적합한 정수위 투수시험법과 투수도가 낮은 시료에서 적합한 변수위 투수시험이 있다.
현장법은 흙댐의 투수성 기초지반이나 기타 지하수면이 비교적 높은 자연지반에서 이용되는 thiem의 ε법, 하나의 우물(boring 구멍)로부터 지하수를 Pumping하여 주위의 회복속도로 부터 기초지반의 투수계수를 측정하는 tube법, 지반의 깊은 위치에서 이용되는 Piezometer법 등이 있다.

7.3 Dupuit의 이론

TIP

Dupuit의 이론인 침윤선 공식을 숙지한다.

1. Dupuit의 침윤선(seepage line)

그림 7.1과 같이 제방과 같은 구조물을 침투하는 단위폭당 유량은 Darcy의 법칙을 활용하여 다음과 같이 산정한다.

$$q = AKI = \frac{(h_1 + h_2)}{2} \times 1 \times K \times \frac{(h_1 - h_2)}{l} = \frac{K(h_1{}^2 - h_2{}^2)}{2l}$$

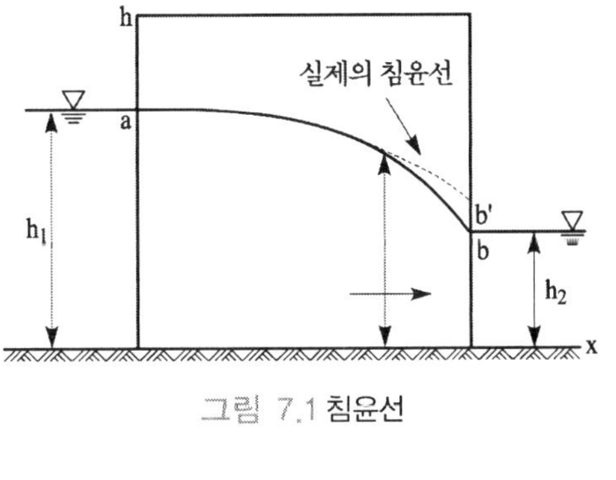

그림 7.1 침윤선

예제 7.4

제외지 수위 6m, 제내지 수위 2m, 투수계수 K = 0.5m/sec, 침투수가 통하는 길이 l = 50m일 때 하천 제방 단면 1m당 누수량은?

해설

$$\text{단위폭당 유량 } q = \frac{K}{2l} \times (h_1{}^2 - h_2{}^2) = \frac{0.5}{2 \times 50} \times (6^2 - 2^2) = 0.16\text{m}^3/\text{sec}$$

7.4 우물의 수리

TIP

우물의 바닥에 위치에 따라 결정되는 여러 공식들을 이해하고 구분할 수 있어야 하며, 문제풀이를 통한 각 공식을 익히도록 한다.

지하수는 강수가 지표면에 침투한 후 하천으로 유출되지 않고 지하에 머물면서 흐르는 물을 말한다.

1. 지하수의 연직분포

(1) 통기대(zone of aeraton) : 공기와 물로 채워져 있는 지하수면의 윗부분

① 토양수대 : 지표에서 식물 뿌리가 박혀 있는 면까지를 말하며, 이 물을 토양수라 한다.

② 중간수대 : 토양수대 하단에서 모관수대 상단까지이며, 피막수와 중력수가 존재한다.

- 피막수 : 모관력과 흡습력에 의하여 토립자에 붙어있는 물
- 중력수 : 중력에 의해 토양층을 통과하는 토양수의 여유분의 물

③ 모관수대 : 지하수가 모세관현상으로 지하수면의 상승점까지를 말하며, 이 때 존재하는 물은 모관수이다.

(2) 포화대(zone of saturation) : 물로 포화되어 있는 지하수면의 아랫부분이며 이포화대의 물을 지하수라고 한다.

(3) 대수층의 종류

① 비피압 대수층(unconfined aquifer) : 지하수가 압력을 받지 않고 흐르는 지하수면이 있는 대수층으로 자유수면 지하수이다.

② 피압 대수층(confined aquifer) : 불투수층 사이를 지하수가 흐르고 있어 대기압보다 큰 압력으로 흐르는 지하수인 대수층으로 피압면 지하수이다.

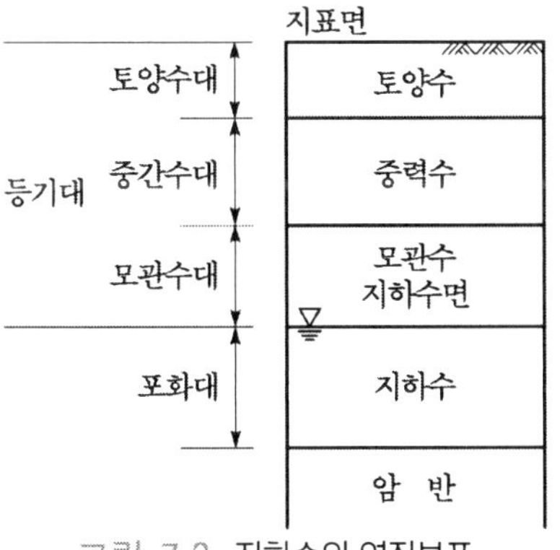

그림 7.2 지하수의 연직분포

한편, 우물의 영향원(권)은 우물에서 장기간 양수를 한 후에도 수면강하가 일어나지 않는 지점까지의 우물로부터의 거리(범위)를 말한다.

2. 굴착정(artesian well)

그림 7.3과 같이 집수정을 불투수층 사이에 있는 투수층까지 판 후 두 개의 불투수층 사이에 낀 투수층내의 지하수면이 없는 대수층의 지하수인 피압지하수를 양수하는 우물을 말한다.

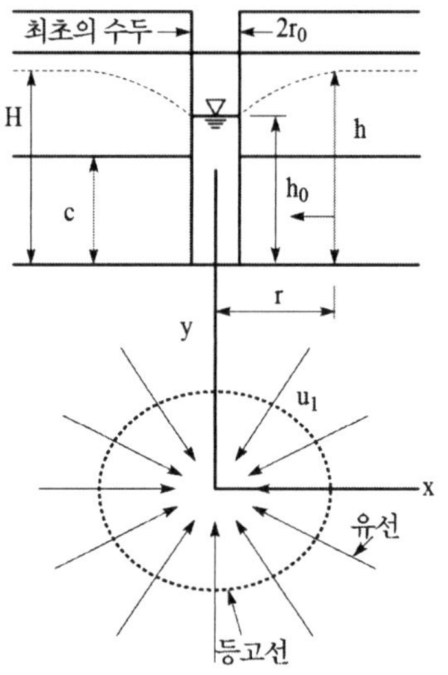

그림 7.3 굴착정

유량을 산정하는 식은 Darcy의 법칙을 활용한 유량식을 미분한 후 이를 $r = r_o$, $h = h_o$ 의 조건에서 적분하면 다음과 같이 정리된다.

$$\therefore Q = \frac{2\pi cK(H - h_o)}{ln(R/r_o)} = \frac{2\pi cK(H - h_o)}{2.3\log_{10}(R/r_o)}$$

여기서, h_o : 우물의 수위, H : 최초의 지하수위, c : 피압대수층 높이(두께),
R : 영향원의 반경, r_o : 우물의 반경

예제 7.5

두께 3m인 피압대수층에 반지름 1m인 우물에서 양수한 결과 수면강하 10m일 때 정상상태로 되었다. 투수계수 0.3m/hr, 영향권 반지름 400m라면 이 때의 양수율은?

해설

$$Q = \frac{2\pi \times 3 \times 0.3/3600 \times 10}{ln(400/1)} = 0.0026m^3/\sec$$

3. 깊은 우물(deep well, 심정호)

집수정의 바닥이 불투수층까지 도달한 우물로 물이 측벽으로만 유입된다. 즉, 불투수층까지 달하는 깊은 우물의 유량을 Q 라 하면 이 깊은 우물에서 장시간양수하여 그림 8-6과 같이 일정한 수위를 유지하였다고 할 때 수면경사가 작아서 흐름의 연직방향의 분속도를 무시할 수 있다고 가정하면 우물의 중심으로 향하는 수평유속만 생각하면 된다.

우물의 중심에서 r 거리의 점의 수위를 h, 그 면을 지나는 유속을 v라 하면 동수구배 $I=-\dfrac{dh}{dr}$ 가 된다. 유량을 산정하는 식은 굴착정과 마찬가지로 연속방정식 및 Darcy의 법칙을 미분한 후 동일한 조건으로 적분하면 다음과 같다.

$$\therefore Q=\frac{\pi K(H^2-{h_o}^2)}{ln(R/r_o)}=\frac{\pi K(H^2-{h_o}^2)}{2.3\log_{10}(R/r_o)}$$

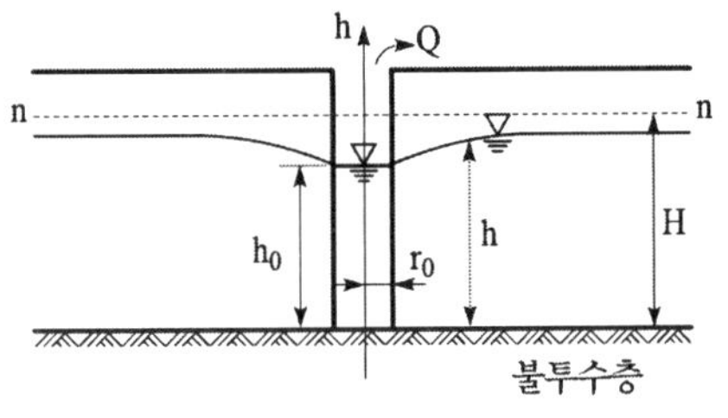

그림 7.4 깊은 우물

예제 7.6

지름이 2m이고, 영향권의 반지름이 1,000m이며, 원지하수의 수위 H = 7m, 집수정의 수위 ho = 5m인 심정호의 양수량은? (단, K = 0.0038m/sec임)

해설

$$Q=\frac{\pi K(H^2-{h_0}^2)}{ln(R/r_0)}=\frac{\pi\times 0.0038\times(7^2-5^2)}{ln(1000/1)}=0.0415m^3/sec$$

4. 얕은 우물(shallow well, 천정호)

집수정의 바닥이 불투수층까지 도달하지 않은 우물로 물이 측벽 및 바닥에서 유입된다. 집수정의 바닥으로만 유입하는 경우는 다음과 같이 분류하여 유량을 산정한다.

① 집수정 바닥이 수평인 경우의 유량은 다음과 같다.

$$Q = 4K r_0 (H - h_0)$$

② 집수정 바닥이 둥근 경우의 유량은 다음과 같다.

$$Q = 2\pi K r_0 (H - h_0)$$

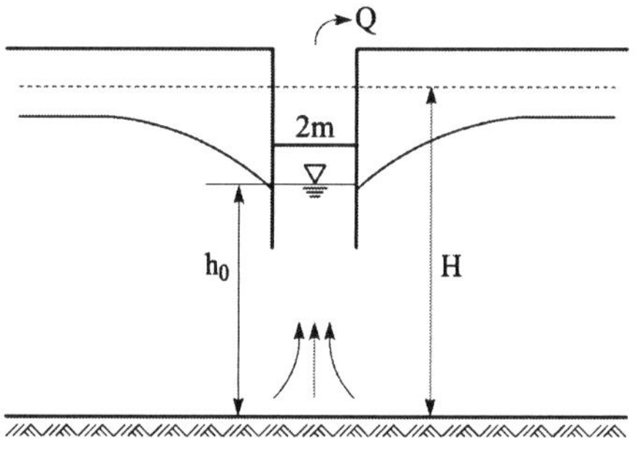

그림 7.5 얕은 우물

예제 7.7

얕은 우물을 파서 양수할 때 수위저하를 2m로 하여 6m³/min의 물을 양수하려면 적당한 우물의 반지름은? (단, 투수계수 K를 0.8cm/sec로 한다.)

해설

$Q = 4K r_o (H - h_o)$ 에서 $6/60 = 4 \times 0.8 \times 10^{-2} \times r_o \times 2$

$\therefore r_o = 1.56\text{m}$

5. 집수암거

지하수위 아래의 물을 집수시킬 목적으로 하상이나 투수층에 암거나 구멍뚫린 관을 매설하여 하천에서 침투한 침투수를 취수하는 것으로 복류수를 취수할 때 가장 많이 쓰인다. 즉, 하안 또는 하상의 투수층에 암거나 유공관을 매설하여 침투하는 복류수를 취수하는 것은 관개나 상수도에서 흔히 이용되는 방법으로서 이것을 집수암거 또는 집수매거(fillter garelly)라 한다. 불투수층에 달하는 집수암거의 유량을 산정하는 식은 다음과 같다.

$$Q = \frac{Kl}{R}(H^2 - h_0{}^2)\text{(양면일 때)}$$

$$Q = \frac{Kl}{2R}(H^2 - h_0{}^2)\text{(일면일 때)}$$

여기서, l : 집수암거의 길이, H : 최초의 지하수위, h_o : 암거의 수심

예제 7.8

그림과 같이 불투수층까지 미치는 암거에서의 용수량 Q는?(단, 투수계수 k=0.009m/s)

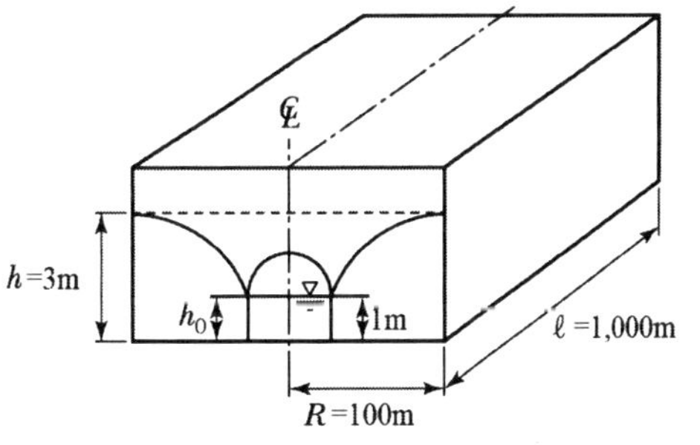

해설

집수암거의 용수량

$$Q = \frac{Kl}{R}(h^2 - h_0^2) = \frac{0.009 \times 300}{100}(3.0^2 - 1^2) = 0.72\text{m}^3/\text{s}$$

핵심용어 및 내용

1. Darcy의 법칙

$Re < 1 \sim 10$ (특히, $Re < 4$)의 층류인 경우에 적용

$$Q = AV = A \cdot K \cdot \frac{dh}{dl} = A \cdot K \cdot I$$

2. Dupuit의 침윤선 공식

단위폭당 유량 : $q = AKI = \frac{K(h_1{}^2 - h_2{}^2)}{2l}$

3. 굴착정 (artesian well) : 피압지하수를 양수하는 경우

$$Q = \frac{2\pi c K(H - h_o)}{ln(R/r_o)} = \frac{2\pi c K(H - h_o)}{2.3\log_{10}(R/r_o)}$$

4. 깊은 우물(심정호) : 집수정의 바닥이 불투수층까지 도달한 경우

$$Q = \frac{\pi K(H^2 - h_o{}^2)}{ln(R/r_o)} = \frac{\pi K(H^2 - h_o{}^2)}{2.3\log_{10}(R/r_o)}$$

5. 얕은 우물(shallow well, 천정호) : 집수정의 바닥이 불투수층까지 도달하지 않은 우물

$$Q = 4Kr_0(H - h_0)$$

6. 집수암거

$$Q = \frac{Kl}{R}(H^2 - h_0{}^2) \text{ (양면일 때)}$$

$$Q = \frac{Kl}{2R}(H^2 - h_0{}^2) \text{ (일면일 때)}$$

7. 우물의 영향원 : 우물에서 수면이 지하수를 양수시에 영향을 받지 않는 곳까지의 거리

되짚어보기

1. 대수층의 두께 2.3m, 폭 1.0m일 때 지하수 유량을 구한 값은? (단, 지하수류의 상하류 두 점 사이의 수두차 1.6m, 두 지점 사이의 평균 거리 360m, 투수계수 K = 192m/day)

해설

$$Q = AV = AKI = AK\frac{dh}{dl} = (1.0 \times 2.3) \times 192 \times \frac{1.6}{360} = 1.96\mathrm{m^3/day}$$

2. 직경 4cm 길이 30cm인 시험 원통에 대수층의 표본을 채웠다. 시험 원통의 출구에서 압력수두를 15cm로 일정하게 유지할 때 2분 동안 12cm³의 유출량이 발생하였다면 이 대수층 표본의 투수계수는?

해설

$$Q = AKI\text{에서 } \frac{6}{60} = \frac{\pi \times 4^2}{4} \times K \times \frac{15}{30} \quad \therefore K = 0.016\mathrm{cm/s}$$

3. 그림과 같은 제방에서 단위폭당의 유량 q가 0.414×10-²m³/sec라면 투수계수는?

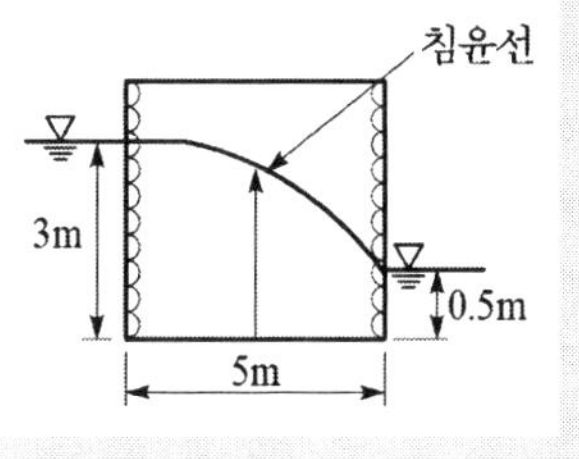

해설

Dupuit의 침윤선 공식 $q = \frac{K}{2l}(h_1^2 - h_2^2)$에서

$$0.414 \times 10^{-2} = \frac{K}{2 \times 5}(3^2 - 0.5^2) \therefore K = 4.73 \times 10^{-3}\mathrm{m/sec} = 0.473\mathrm{cm/sec}$$

4. 그림과 같은 심정호에서 양수량은?

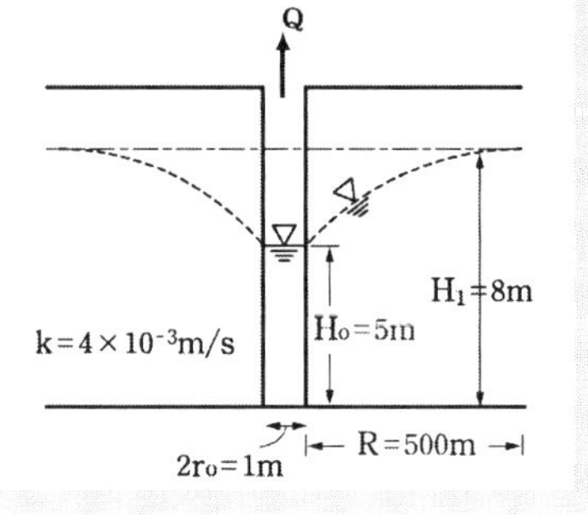

해설

심정호에서의 양수량

$$Q = \frac{\pi K(H^2 - h_o^2)}{ln\,(R/r_o)} = \frac{\pi \times 4 \times 10^{-3} \times (8^2 - 5^2)}{ln(500/0.5)} = 0.071\text{m}^3/\text{sec}$$

5. 그림과 같은 집수암거에서 H = 8m, ho = 0.45m, 투수계수 $K = 0.009\text{m/sec}$, 길이 $l = 300\text{m}$, 영향원의 반경 $R = 170\text{m}$ 라면 용수량은?

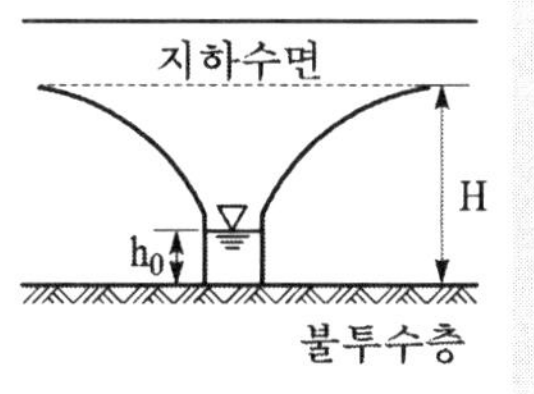

해설

$$Q = \frac{Kl}{R}(H^2 - h_o{}^2) = \frac{0.009 \times 300}{170}(8^2 - 0.45^2) = 1.01\text{m}^3/\text{sec}$$

6. 두께 20m의 피압대수층으로부터 6.28 $[\text{m}^3/\text{sec}]$로 양수율로 양수했을 때 평형상태에 도달하였다. 이 양수정으로부터 50m, 200m 떨어진 관측정에서의 지하수위가 각각 39.20m, 39.66m라면, 이 대수층의 투수계수는 얼마인가?

해설

$$Q = \frac{2\pi c K(H - h_o)}{ln\,(R/r_o)} \text{ 에서}$$

$$K = \frac{6.28 \times ln\,(200/50)}{2\pi \times 20 \times (39.66 - 39.20)} = 0.1506\text{m/sec}$$

CHAPTER

08

소하천 수공구조물

CHAPTER 08

소하천 수공구조물

8.1 낙차공

(1) 일반사항

낙차공은 하천경사가 급하여 하상의 안정에 문제가 있을 때 하상경사를 원화하여 하상의 세굴을 방지 또는 억제하고 하상의 안정을 유지하기 위해서 하천을 횡단하여 설치하는 하천관리 시설물이다.

(2) 설치 목적

낙차공의 설치목적은 다음과 같다.

1) 하천의 경사를 완화하고 유속을 감소시킴으로써 흐름에 의한 세굴을 방지하여 하상의 안정을 꾀한다.
2) 하상의 세굴 또는 저하를 방지하여, 계획하상고 이하로 되지 않도록 한다.
3) 제방의 세굴 또는 침식을 방지한다.
4) 저수로의 난류를 방지하고, 흐름의 방향을 조절해서 흐름의 집중을 막는다.

즉, 수로의 짧은 구간에서 수위를 안전하게 저하시키고 과잉 에너지를 감소시킬 목적으로 설치되는 연직 또는 경사진 수로구조물인데, 경사가 급한 하천(주로 소하천)에서 하상의 안정을 목적으로 설치하는 하천 구조물로 하상 유지공의 한 종류이다. 국내 하천에서 보 다음으로 흔히 볼 수 있는 하천 시설물이다. 수로 중에 경사가 급한 부분이 있어 자연 상태로는 세굴 및 침식이 발생할 가능성이 높을 때 설치한다. 종류로는 계단식 낙차공, 급수로식 낙차공, 감세식 낙차공, 원통식 낙차공 등이 있다.

(3) 낙차공의 높이

낙차공의 높이는 유수의 저항, 하상의 변화, 하상고 능을 고려하여 다음 사항에 유의하여 결정한다.

1) 낙차공의 높이를 너무 높게 하면, 상류의 수위를 상승시켜 범람의 위험이 따르고, 하상의 안정에도 문제가 있다.
2) 낙차공의 높이가 너무 낮으면, 작은 유량에서는 완전월류 상태가 되지만, 홍수시에는 수중 위어가 되는 경우가 많아서 낙차공의 효과를 기대할 수 없다.

(4) 설계

낙차공은 소하천의 계획홍수량에 대하여 안정한 구조물이어야 하며 부근의 하안 및 하천관리 시설물에 현저한 지장을 주지 않는 구조가 되어야 한다. 낙차공은 본체 구조에 대하여 안전한 기초공을 하여야 하고 일반적으로 콘크리트 구조로 시공하여 본체, 물받이(Apron), 바닥보호공, 붙임호안 및 옹벽으로 구성되는데, 각 부분 명칭은 그림 8.1과 같다.

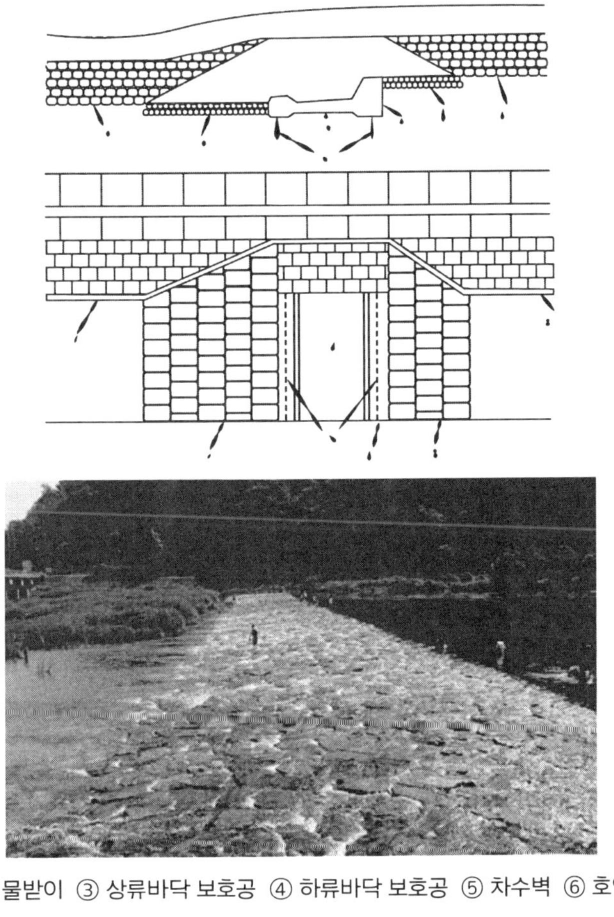

① 본체 ② 물받이 ③ 상류바닥 보호공 ④ 하류바닥 보호공 ⑤ 차수벽 ⑥ 호안 ⑦ 붙임옹벽

그림 8.1 낙차공의 각 부분 명칭 및 낙차공 설치사례

(5) 바닥보호공

바닥보호공은 다음과 같은 과정으로 설치된다.

1) 바닥보호공은 공종, 상하류의 하상경사, 낙차, 유속, 하상의 지질 등을 고려하여 결정한다.
2) 하류 바닥보호공의 시공범위는 낙차공에 의한 우수의 영향이 없어진다고 추정되는 범위까지로 하고, 경험식 등에 의해 결정된다.
3) 상류 바닥보호공의 범위의 범위는 보통하류 바닥보호공 범위의 $\frac{1}{3} \sim \frac{1}{2}$ 정도로 한다.

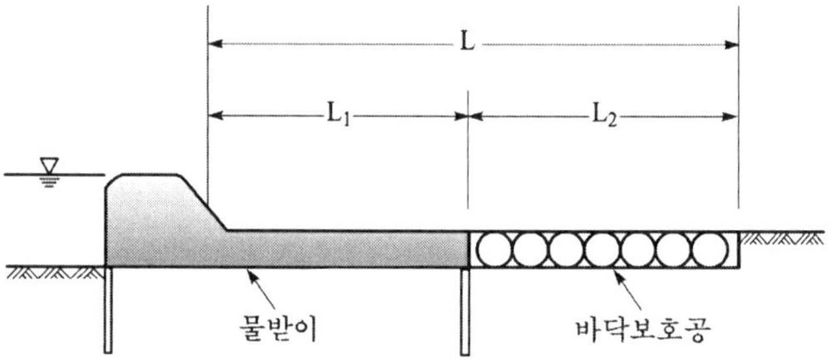

그림 8.2 바닥보호공

8.2 보

(1) 일반사항

보란 용수를 하천 등에서 취수하고 홍수의 분류, 조류방지 등을 위하여 하천을 횡단하여 설치되는 댐 이외의 시설로서 제방의 기능을 갖지 않는 것을 말하며 용수 취수의 경우에는 취수구와 취수보로 이루어지는데 소하천은 일반적으로 건천이기 때문에 보를 설치할 수 있는 지점은 극히 제한된다. 취수구는 필요한 수량을 안전하고 용이하게 취수할 수 있고, 토사의 유입이나 퇴사가 적은 곳으로서 가능한 한 유심에 직각방향으로 설치하며 취수보는 보의 언체를 말한다.

(2) 보의 용도별 구분

1) 취수보 : 하천이 수위를 조절하여 농입용수 , 공업용수 , 생활용수 등을 취수하기 위한 보
2) 분류보 : 하천의 분류점 부근에 설치하여 수위를 조절 또는 제어하여 홍수 또는 저수를 계획적으로 분류시키는 보

3) 조류방지보 : 감조 구간에 설치하여 염분의 역상을 방지하고 유수의 정상적인 기능을 유지하기 위한 보

(3) 취수방식

1) 취수구의 위치와 보와의 관계 : 취수구는 원칙적으로 보에 가까이 바로 상류 측에 설치하여 배사구로 유지되는 물길에 취수한다.
2) 양안취수 : 양안취수는 가급적 피한다.

(4) 위치선정

보의 설치위치를 결정함에 있어 다음 사항을 신중히 검토하여야 한다.

1) 필요한 취수위를 확보할 수 있으며 공사비가 싸고, 유지관리에 편한 농사에 수익지에 가장 가까운 지점을 선정한다.
2) 물길이 취수하려는 하안에 가까우며 항상 안정되어 있으며 홍수에 의한 하상의 변화가 적고 갈수량이 풍부한 곳을 선정한다.
3) 구조상 안전성을 얻을 수 있으며 공사비가 경제적인 장소를 선정한다.
4) 보로 막아 올리는데 따른 상하류의 영향이 적은 지점을 선정한다.
5) 공사가 용이한 지점을 선정한다.

(5) 설계

보 시설의 설계에 필요한 수문자료, 측량자료, 하상, 지질자료, 기타자료 등의 기본 조사를 실시한다. 보의 형식은 가능한 한 고정형을 선정하고 보마루 표고와 하류와 상류측의 물받이를 설계한다.

1) 형식 및 물막이 방식의 선정

보의 형식은 기초암반의 위치, 완전차수의 필요 여부 및 패임 상태를 고려하여 고정형(fixed type)또는 부상형(floating type)을 선정한다. 그리고 보는 원칙적으로 하천에 직각이 되게 일직선으로 설치하며, 그 물막이 방식은 치수 및 이수상의 여러 조건을 충분히 고려하여 선정한다.

2) 고정보 설계

고정보 설계를 위하여 보마루 표고, 정폭, 저폭, 마루폭 및 물받이의 단면을 결정한다. 보의 각 부분의 명칭은 그림 8.3과 같은데 고정보는 각종 용수의 취수, 주운 등을 위하여 수위를 높이고 조수의 역류를 방지하기 위하여 하천을 횡단하여 설치하는 제방의 기능을 갖지 않는 시설을 말하며 고정보는 수문이 설치되지 않고 보 본체와 부대시설로 이루어지는 보로 소하천에 많이 설치된다.

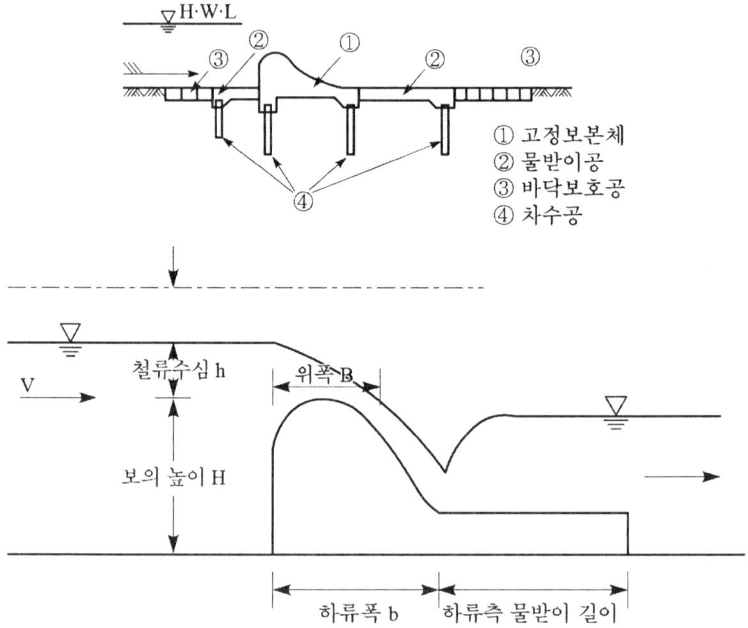

그림 8.3 고정보의 구조 및 단면

3) 하류측 물받이 설계

▶ 보의 직하류는 월류하는 강한 흐름에 의해서 하류하상이 심한 침식작용을 받게 되는데 이러한 침식작용으로부터 보를 보호하기 위해 물받이를 설치하며 철근 콘크리트 구조로 하는 것을 원칙으로 한다. 일반적으로 물받이만으로 세굴방지를 도모하는 것보다 바닥보호공을 병용하여 설치하는 것이 좋다.

▶ 물받이의 파괴는 물받이 길이의 부족으로 인해서 발생하는 경우가 많다. 그 판단의 범위가 넓고 같은 조건에서도 큰 오차가 생길 수 있다. 하류측 물받이 길이 설계는 블라이(Bligh) 공식 또는 건실부 국립건설시험소에서 제안한 다음의 공식(건설부 국립건설시험소, 1991)을 이용한다.

▶ 상류측 물받이는 보 상류에 소용돌이가 일어나 상판의 세굴 위험이 있을 경우 또는 가동보

와 병설될 경우에 수문의 개폐에 의해 횡류가 일어날 위험이 있을 경우 등을 위해 설치한다. 하지만 보의 높이가 2~3m 정도이고 상류측에 퇴사가 예상되는 곳에서는 설치하지 않아도 된다. 일반적으로 상류측 물받이의 길이는 3~5m 정도이며 두께는 하류측 물받이 두께의 1/2~1/3 정도로 한다.

(6) 유지 관리

1) 조정부, 가동부, 바닥보호공 , 호안공 등의 유입장해, 마모, 문짝의 관리, 관리조작 등을 항상 점검 관측하여, 이상이 있으면 즉시 필요한 조치를 취하여야 한다.
2) 콘크리트 구체의 균열상태를 수시 점검하고 양안호안(돌붙임 등)이 유실되지 않도록 한다.
3) 상류에서 내려오는 부유물질이나 퇴적물을 수시로 제거하여 계속 필요한 취입수량을 유지한다.
4) 소하천의 경우 보에서 150m이내의 토석채취를 금한다.

8.3 암거

(1) 일반사항

암거는 배수 및 각종 용수의 취수를 위해 제방에 설치하는 구조물로서 내수배제용일 경우에는 제방의 기능을 가지고 있는 것을 말한다.
우리나라 소하천 연안의 내수배제 지구는 농경지 및 주택지로서 대부분이 하상과 1m ~2m의 표고차가 있어 홍수 시 역류방지를 위하여 암거에 중·대(中·大) 하천에서와 같은 수문(水門) 형식을 설치할 지구는 거의 없다. 그러나 홍수 시 하상과 표고차가 없거나 우리나라 서해안과 같이 만조 시 역류 방지용 수문을 설치할 필요가 있는 암거는 제방과 일체로서 유지 및 관리가 필요하므로 수문을 설치한 내수 배제용 암거는 제방의 기능을 가지고 있다.

(2) 암거의 종류

1) 구조형식에 의한 분류 : 소하천 유역에 설치 가능한 암거를 구조형식 별로 분류하면 ① 구형암거 ② 원형암거 ③ 문형암거 ④ 아치형암거 등이 있다.

2) 사용목적에 의한 분류

▶ 배수암거 : 제내지의 우수 및 하수배제와 홍수시나 만조시 외수의 역류를 방지할 목적으로 설치하며 주로 구형 및 원형암거가 일반적이다.

▶ 취수암거 : 농업용수, 생공용수 및 기타용수를 취수하기 위해 주로 취수보 직상 좌우안 제방에 설치한다.

▶ 통로암거 : 사람의 통행을 위해서 도로 혹은 철도 아래에 설치하는 암거로서 소하천 종단과 연하여 설치한 경우도 있다.

이외에도 전기, 전화, 가스 , 상하수도용 공동구 등이 있다.

그림 8.4 통로암거

(3) 암거의 설치 위치

암거의 설치위치는 목적과 하천관리상 지장이 없는 지점에 설치해야 하며 가능한 만곡부, 협착부, 하상이 불안정한 장소는 피하는 것이 좋다. 암거의 설치위치는 취수, 배수 등 목적에 따라 다르며 특히, 배수 및 취수 암거의 설치 위치는 다음의 사항을 원칙으로 한다.

1) 수충부나 연약지반은 가급적 피하고 하상이 안정된 곳을 택한다.
2) 하폭이 급변하지 않고 세굴과 퇴적 등 하상이 안정되어 있다고 판단되는 지점을 선정한다.
3) 배수암거는 교량 및 보상류지점 등 구조물이 있는 지점은 가급적 피한다.
4) 배수암거일 경우 지형이 허용하는 한 가장 낮은 지점을 택한다.

(4) 설계

1) 단면 결정

- ▶ 배수암거는 배수대상면적의 유출해석을 통하여 결정된 계획배수량을 배제할 수 있는 단면으로 하고 취수가 목적일 경우는 계획취수량 이상을 취수하지 않는 범위내로 한다.
- ▶ 배수암거의 단면결정시 유출해석은 합리식에 의한 유출해석을 원칙으로 한다.
- ▶ 배수 암거의 통수능력 계산은 Manning식을 원칙으로 한다.
- ▶ 배수암거를 작은 규모로 설치할 경우 토석이나 유하물로 인하여 배수를 원활하게 소통시킬 수 없을 뿐더러 내수배제 장애로 인하여 제내지의 홍수피해를 초래할 수 있으므로 매뉴얼에 따라 단면을 결정한다.
- ▶ 동일한 통수단면일 때 암거규격을 2련 이상으로 늘리면 임거의 폭이 작아지기 때문에 1련에 비해 유목 등 유하물에 의해 막힘의 가능성이 커져 홍수소통에 지장을 초래할 뿐만 아니라 문짝이 설치되는 경우는 문짝의 개폐에도 지장을 주게되므로 가급적 연수를 적게 한다.
- ▶ 구형암거(배수암거)의 규격 범위는 최소한 1.0m×1.0m이상의 단면으로 함이 바람직하다.
- ▶ 취수 암거의 경우는 토사 등의 퇴적을 고려하여 담면을 크게 하면 과대취수로 인하여 하류부의 영향을 초래할 수 있으므로 필요 이상의 취수를 하지 않도록 조절시설을 설치한다.
- ▶ 기타 암거는 사용 목적에 따라 규모를 결정하되 하천의 유지 관리에 지장이 없도록 설치한다.
- ▶ 배수암거의 관내유속은 토사침전을 방지하기 위하여 1.5m~2.0m/secec 내외를 표준으로 함이 좋다.
- ▶ 배수암거의 설계단면은 토석 및 유목 등 유하물로 인한 소통단면의 감소를 고려 최대 통수량을 소통시킬 수 있는 단면적의 120%를 취함을 원칙으로 한다.

(5) 암거의 구소

- ▶ 일반적으로 배수암거 및 취수암거의 본체는 문짝을 제외하고 철근콘크리트 구조로 하는 것을 원칙으로 한다.
- ▶ 암거의 길이는 제방단면의 제외지 비탈끝에서 제내지 비탈끝까지를 원칙으로 한다. 소하천에서는 암거의 길이가 내부분 10m내외 정도로서 이음매가 필요 없으나 만약 중ㆍ대 하천과 연결된 하구부에서 30m이상이 되는 경우와 연약지반에서 지반침하가 우려되는 경우는 20m정도를 기준으로 이음매를 설치하도록 하되 이음매는 종방향 구조계산을 실시하여 설치한다.
- ▶ 소하천에서 설치되는 암거의 표준도에서 소하천중 중ㆍ대(中ㆍ大)하천에 합류되어 중ㆍ대 하천규모의 배수문의 설치가 요하는 지구는 「하천시설기준」(1993. 12. 건설부) 제6장 수

문편에 근거하여 설계하여야 한다. 특히 배수암거는 시공의 일관성 및 경제성을 고려하여 적정화된 규모의 범위는 표준화된 구형암거를 활용하므로서 제품의 규격화를 기할 수 있고 품질을 향상 시킬 수 있는바 1994. 12. 건설부에서는 '하천구조물 표준도'를 작성하였다. 배수암거의 기본구조는 그림 6.5와 같다.

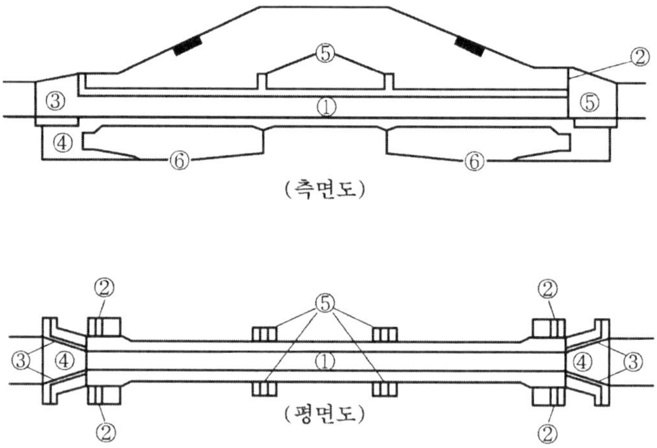

그림 8.5 암거의 기본구조(①암거 ②흉벽 ③날개벽 ④물받이 ⑤차수벽 ⑥차수판)

8.4 침사지

(1) 일반사항

침사지는 개발 사업으로 인해 가속화 된 토양 침식이 농경지나 주거지역의 매몰 등 직접적인 재해를 일으키거나 하류 하천, 호소 등에 환경적으로 부정적인 영향을 주는 것을 최소화하기 위하여 개발 지역에서 침식되어 유송되는 토사를 자연적, 강제적으로 침전·퇴적시킬 목적으로 만든 일종의 저류 시설물로 정의된다. 한 지역을 개발할 목적으로 지형을 인위적으로 바꾸거나 식생 등을 제거하는 경우 토양침식은 가속화되어 개발 전보다 토양 침식량이 크게는 100배 이상 증가하게 된다. 이렇게 가속화된 토양 침식은 하류에 대규모 토사 매몰을 유발하여 농경지, 가옥, 기타 시설에 직접 피해를 주거나 침식된 토사로 탁류가 형성되어 주변 하천, 호소 등에 환경문제를 야기 시킬 수 있다. 이러한 가속화된 토양침식으로 인한 피해를 줄이기 위해서는 지푸라기, 비닐 등으로 노출된 지표면을 덮어서 빗방울 및 유수에 의한 침식으로부터 토양을 보호하거나, 도랑 및 하천 등에서의 침식방지를 위해 라이닝, 낙차공 등을 설치하거나, 등고선을 따른 개발 및 시공을 함으로써 토양침식을 조절하는 방안을 생각할 수 있다. 그러나 이러한 방법으로도 계속 침식되어 하류로 유송되는 토사를 자연적, 강제적으로 침전·퇴적시켜 하류 지역의 피해를 최소화시키기 위해서는 침사지를 설치하는 것을 검토하여야 한다.

(2) 침사지 형태

침사지는 응급 침사지, 임시 침사지, 영구 침사지 세 종류로 구분한다.

1) 응급 침사지(expedient basins) : 현장에서 임시방편으로 축조한(push up)침사지로서 주로 1일 이내 사용한다. 대체로 건설기계로 간편하게 축조할 수 있다.
2) 임시 침사지(temporary basins) : 공사 전기간에 걸쳐 사용하여야 하며, 필요시 준설하여 기능을 유지한다. 일반적으로 계획단계에 명시하며, 응급침사지보다 높은 설계기준을 요한다.
3) 영구 침사지(permanent basins) : 공사기간 중에는 침사지 역할을 하며 공사 후에 위락, 경관, 지류, 지하수 함양 역할을 수행한다. 임시 침사지와 설계기준이 유사하다.

(3) 침사지 설치 위치

침사지의 설치 위치는 개발 지역을 포함하는 유역의 침식 및 토사 유송, 퇴적 특성과 재해 및 환경 피해 예상 지역 등을 종합적으로 고려하여 정한다. 침사지는 보통 다음과 같은 점을 고려하여 그 위치를 정한다.
- 개발지역 직 하류에 위치하는 것이 좋다.
- 인접하천 본류에 설치하지 않는다.
- 공사용 기계 이동에 장애가 없는 위치가 좋다.
- 준설 활동이 용이한 위치(준설토 투기용이)가 좋다.

(4) 설계

1) 설계 개념
침사지는 '완전저류' 와 '흐름저류' 등 두 가지 개념으로 구분하여 유역 여건에 맞는 개념을 선택한다.
▶ 완전 저류(complete retention) : 비교적 소규모 호우에 의해서는 월류하지 않으나, 대규

모 호우 시에는 월류가 된다.

① 홍수총량을 저감한다.

② 대규모 호우에 대비한 비상 여수로를 설치한다.

③ 포착율은 중요하지 않다(통상의 호우에 대해서 100%포착).

④ 호우 종료 후 준설한다.

⑤ 소규모 유역에 적합하다.

▶ 흐름 저류(flow detention)

① 첨두홍수량을 저감한다.

② 천천히 흐르는 상태에서 대부분의 유사(流砂)가 침전된다.

③ 상류에서의 유입유사량 예측이 필요하다.

④ 포착율을 고려한다.

2) 침사지 설계 절차

침사지 설계는 그림 8.6과 같은 절차에 준하여 수행할 수 있다.

▶ 필요성 확인

▶ 설계개념 산정 : 완전저류(소규모 배수구역, 배수구역 특성파악까지만 고려), 흐름저류(모든 단계 고려)

▶ 침사지 형태선정 : 응급 침사지, 임시 침사지, 영구 침사지

▶ 침사지 위치선정 : 응급 침사지(현장에서 선정)
임시 침사지(설계단계에서 선정하나, 현장선정도 가능)
영구 침사지(설계간계에서 위치 확정)

▶ 배수구역 특성파악 : 토양, 수리·수문 특성, 피복상태, 경사길이 및 경사도 등

▶ 저류될 유사량(체적) 결정 : 토양침식량, 유사전달율, 포착율

▶ 침사지 둑의 높이 결정 : 퇴사 깊이 계산, 주 여수로 높이 결정, 비상 여수로 높이 결정, 비상 여수로 수두 결정, 여유고 설정

▶ 주 여수로 크기 결정 : 주 여수로 없는 경우(응급침사지) 생략

▶ 비상 여수로 폭의 결정

▶ 둑과 여수로의 보호 장치 결정 : 관 여수로의 경우 유출부 보호, 비상 여수로의 라이닝

그림 8.6 침사지 설계절차

(5) 침사지 조성

침사지는 계곡이나 웅덩이 등 자연상태로 저류할 수 있는 지형에 둑을 쌓아 만들거나(자연상태 침사지), 그러한 지형이 없는 경우 굴착기계로 땅을 파고 둑을 쌓아 인공적으로 만든 침사지(pit)로 구분할 수 있다. 침사지 여수로는 관여수로와 사력여수로 등으로 구분할 수 있다. 침사지는 그림 8.7과 같이 자연 상태의 요철부분에 둑을 쌓아 만들거나 그림 8.8와 같이 인공적으로 굴착하여 둑을 쌓아 만들 수 있다. 침사지의 여수로는 관을 이용하여 둑 바깥으로 방류하는 관여수로(pipe spillway)와 둑 위에 사력을 쌓아 그 위로 방류시키는 사력여수로(rockfill spillway)로 나눌 수 있다.

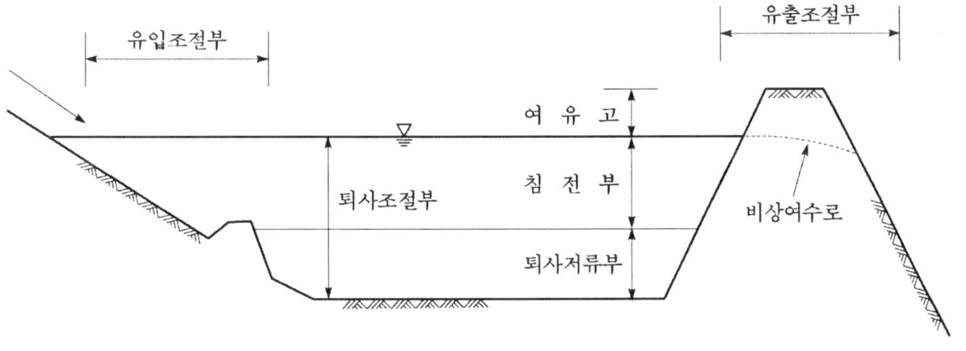

그림 8.7 주 여수로(관)와 비상 여수로를 갖춘 침사지

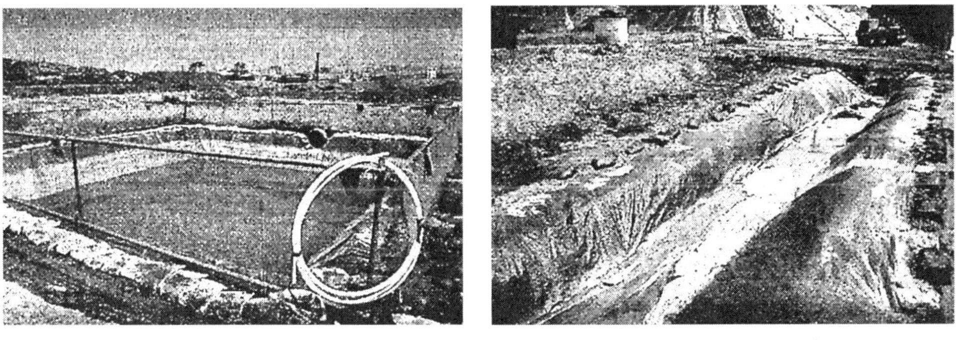

그림 8.8 굴착 침사지

(6) 유지관리 및 해체

침사지는 대상 지역의 개발공사 중은 물론 개발 후에도 그 기능을 충분히 유지할 수 있도록 준설 등 유지관리에 세심한 배려를 하여야 한다. 특히 개발 공사가 끝난 후 침사지를 친수환경 구역으로 이용할 경우 수질, 수생 생태계, 경관 등 수변 환경관리에도 세심한 배려를 하여

야 한다.

침사지의 유지관리는 둑 검사와 준설 등으로 구분할 수 있다. 호우가 끝난 후 반드시 제체 이상 유무를 검사하여, 침사지내 주 여수로 턱에서 30cm 이내로 토사가 된 경우 준설한다. 준설토는 호우에 의해 침사지로 다시 들어오지 않을 장소에 버려야 한다.

침사지를 영구적으로 계획한 경우 공사가 끝나도 생태적 서식처, 조경, 위락 등 다른 용도로 사용할 수 있으나, 그 밖의 경우 원상 복원시켜야 한다. 복원된 지역은 풀과 나무를 심어 식생을 유지하여야 한다.

8.5 관개

(1) 관개용수원 및 수로시설

1) 용수원시설

▶ 관개용수원의 개발

작물에 물을 대주려면 먼저 냇물이나 지하수 또는 호수의 물 중 가장 알맞은 용수원을 찾고, 용수원의 입지 조건이 자연 그대로 관개에 이용될 수 없는 경우라면 이용 효율을 보다 높일 수 있는 다른 종류의 수원 시설을 찾아야 한다. 그러므로 냇물을 수원으로 이용하고자 할 경우에는 흐르는 물의 양이 관개 면적에 비하여 풍부 한 곳에서는 농경지의 표고에 따라 용수원 시설로서 취입보를 설치할 것인지 또는 양수장을 설치할 것인지 하는 문제가 생길 것이고, 그대로 이용하기에는 그 양이 매우 크게 부족한 곳에서는 저수지를 설치해야 하는 문제가 생길 것이다. 또, 지표면에 흐르는 물이 본래부터 크게 부족한 하천에서는 용수원 시설로 하천의 바닥 모래층을 흐르는 복류수를 이용하기 위한 집수 속도랑 또는 집수 겉도랑을 설치해야 하며, 지하수가 풍부한 지층이 있는 곳에서는 관정, 집수정, 지하 댐 등과 같은 용수원 시설을 설치해야 할 것이다. 근래에는 바다를 막아서 조성한 인공 담수호가 새로운 용수원 시설로서 등장하게 되었는데, 아산호, 남양호, 영산호, 삽교호 등은 그 좋은 예이다. 관개 용수원 개발의 대상이 되는 수원은 하천을 따라 흘러 내려가는 지표수와 땅속에 저류되어 있는 지하수가 된다.

① 지표수 개발

지표수는 하천수나 자연 호수와 같이 땅위를 흐르거나 땅 위에 머무르고 있는 물로서, 우리나라와 같이 자연 호수가 거의 없는 곳에서는 하천수가 개발의 대상이 된다. 하천수는 일반적으로 수온이 관개용수로서 알맞고, 수질도 크게 오염되지 않는 한 관개용수원으로 적합하다. 현재, 우리나라에서 이용되고 있는 관개용수는 거의 하천수에 의한 것이며, 용수원 시설로서는 동일 면적의 비율로 볼 때, 표 8.1과 같이 저수지가 전체의 53.4%로 가장 많고, 양수장, 보 시설, 지하수 시설의 순으로 되어 있다.

표 8.1 수원공별 몽리 면적과 비율(1995년 현재, 농업수리)

종별	하천			지하수 시설		기 타	합 계
	보시설	양수장	저수지	집수 속도랑	관 정		
면적(천 ha)	110	163	517	20	16	115	941
비율(%)	11.7	17.3	54.9	2.2	1.7	12.2	100

하천의 유량은 강우량에 따라 항상 변동하고 있다. 강우가 많이 있는 시기에는 하천의 유량이 불어나고, 강우가 적을 때에는 유량은 그만큼 줄게 마련이다. 그리고 하천의 상류 유역에 숲이 우거지거나 유역의 담수 능력이 크면 비가 오더라도 하천의 유량이 천천히 변동되지만, 그렇지 않은 경우에는 하천의 유량 변동이 급격 하다. 비가 상당 기간 동안 오지 않아도 하천에 흐르는 물이 전혀 없는 것이 아니고 얼마 정도는 늘 흐르고 있는데, 이와 같이 하천에 흐르는 물이 1년을 통하여 극히 적은 때를 갈수기라고 하며, 갈수기의 유량을 갈수량(1년을 통하여 어느 수량 이하로 내려가는 것이 10일 이냐가 되는 때의 유량)이라 한다.

갈수량은 하천의 물을 이용하려는 보 시설 또는 양수장의 규모를 정하는 기준값이 되는 것으로서 중요한 의미를 지니고 있다. 갈수량이 충분한 경우 자연 취수에 의한 관개가 가능할 만큼 관개 지구의 표고가 낮은 곳에는 하천을 가로질러 설치하는 보가 적합하고, 경지면이 높아 자연 취수에 의한 관개가 불가능한 곳에는 양수장을 설치하여 물을 끌어 올려야 한다. 이와 반대로, 갈수량이 관개 대상 지역의 용수량을 공급하기에 부족한 경우에는 저수지 시설을 계획하며, 이를 위해서는 관개 계획 기준년의 월별 또는 순별 하천 유출량을 정확히 파악할 필요가 있다. 관개 기간의 유출량이 많으면 저수지 내용적은 작아도 되지만, 유출량이 적으면 상대적으로 내용적이 커지게 되므로, 저수지의 내용적을 줄이려면 산림 녹화에 힘쓰는 등 유역의 용수원 함양을 위한 여러 조치를 강구하여 유출량을 늘려 나가야 할 것이다. 이 밖에도, 배후지 농경지에 대한 배수 개선의 목적과 함께 하류로 방류되는 하천수를 이용하기 위하여 하구에 하구둑을 설치하는 경우가 있다. 하구둑의 설치에는 많은 공사비가 소요되나, 다량의 수자원을 확보할 수 있다는 장점이 있다. 근래에 농업용수, 공업 용수, 생활 용수 등의 다목적 이용을 위하여 건설한 아산호, 삽교호, 영산호 등은 관개 용수원으로서도 좋은 시설이다.

② 지하수 개발

지하수는 땅위에 내린 빗물이나 눈이 녹아서 땅속으로 침투하여 암반이나 질흙 등 불투수층 위에 괴어 있는 물로서, 이를 개발하는 데에는 대규모의 시설이 별로 필요하지 않고, 비교적 간단한 시설로써 물을 얻을 수 있으므로 경제적인 점에서 유리하다. 그러나 수온이 낮고, 우리나라의 경우 용출량이 적은 것이 단점이며, 관정 등을 개발한 후 관리 소홀로 인하여 지하수가 오염될 수 있기 때문에 상당한 주의를 기울여야 한다. 지하수의 개발은 지표수 개발에 어려움이 많고, 지하수 부존량이 비교적 많은 곳에서 채용하고 있는 것으로서, 입지 조건에 따라서는 효율적으로 이용될 수 있다. 지하수를 가급적 많이 이용하기 위해서는 입지 조건에 따라 집수 속도랑, 관정과 함께 지하 댐을 건설할 필요가 있다. 집수 속도랑은 주로 하천 바닥 아래의 모래층을 흐르는 복류수를 이용하기 위한 시설로서, 지표를 흐르는 하천수의 단절 현상은 심하나, 복류수가 비교적 풍부한 하수 또는 피압면 지하수 상태로 괴어 있는 물을 개발, 이용하기 위한 시설로서, 지하수위 및 대수층의 두께에 따라 여러 형태의 깊고 얕은 우물을 설치하게 된다. 지하 댐은 갈수기에 지하층에 가용 지하수의 포장량을 증대시켜 지하수 함양을 도모하기 위하여 모래층이 두껍고 그 내부에 물의 저장 능력이 큰 계곡 하천 바닥에 그라우팅 등을 통하여 차수벽을 만드는 시설이다.

2) 용수원 시설

관개 용수원 시설은 그 수원 및 지형 특성에 따라 보 시설, 저수지, 지하수 이용시설, 양수장 등이 있다.

① 보 시설

하천, 호수 등으로부터 관개용수를 용수로에 끌어들이기 위하여 하천을 가로질러서 설치하는 시설을 보 시설이라고 한다. 하천의 갈수위가 비교적 높고 갈수량이 풍부한 곳에서는 보(weir)를 설치하지 않고도 하천 둑에 설치한 취수문을 통해 물을 끌어들여 용수로에 의하여 경지로 보낼 수 있다. 그러나 하천의 수위가 낮아 자연 취수가 어렵거나, 유심이 변동되기 쉬운 하천에서는 취수문만으로는 계획 용수량의 취수가 곤란하므로, 하천을 가로지르는 보막이를 하여 필요한 높이까지 수위를 높여서 취수해야 한다. 그러므로 보막이 하면 일반적으로 뒤의 형식을 채택하는 것이며, 또 이 취입보에는 하천 토사를 배제하는 구실을 하는 배사구 및 물고기가 오르내리는 어도(fish ladder)를 반드시 설치해야 하고, 경우에 따라서는 배의 통행로(boat way)를 설치하기도 한다. 또한, 취수문 근처 용수로의 시발점 가까이에 침사지를 설치하여 용수로에 유입되는 토사를 제거해야 할 경우도 있다.

② 저수지 시설

하천의 갈수량이 관개 대상 지구 전체를 관개하기에 부족한 경우에는 보 시설이나 양수기 시설로는 효과를 거둘 수 없으므로, 저수지가 필요하게 된다. 저수지의 대부분은 하천의 상류 계곡에 댐을 축조하여 저수하는 것이므로 공사비도 많아지고, 만일 계획이 잘못되면 저수가 잘 안 된다든지 댐이 붕괴되어 큰 피해를 가져오므로, 이 계획은 특히 신중을 기해야 한다.

저수지의 위치로서는 필요한 물의 양이 모여들 수 있는 장소이어야 함은 물론이지만, 댐을 만드는 장소의 지질이 양호하여 물이 새어 나가지 않고 댐을 지탱할 수 있는 충분한 지지력이 있어야 한다. 또한, 댐을 설치할 장소는 불투수성이고 기초 지반이 견고하며, 균열이 없는 양호한 암반이 비교적 얕은 곳에 위치하는 곳이어야 한다. 일반적으로, 두꺼운 점토층이 얕게 존재하는 곳이나 사암, 화강암 등 암반으로 되어 있는 곳은 적합하지만, 단층 또는 파쇄대가 발달한 곳은 좋지 않다. 지형상으로는 하천의 기울기가 완만하고 계곡이 좁으며, 그 안쪽은 광활하여 댐의 높이를 높이지 않아도 저수량을 비교적 많이 수용할 수 있는 곳이 유리하다. 즉, 축제 토량에 비하여 저수량의 비율이 클수록 댐의 설치 위치로서 좋은 것이다. 경험에 의하면 축제 토량 $1m^3$에 대한 저수량의 비율은 흙 댐에서 5~10배, 콘크리트 댐에서 100~200배인 것이 많으며, 이 비율이 클수록 저수량 $1m^3$에 대한 댐 공사비가 싸진다. 아울러, 댐 설치 장소에서 가까운 곳에 흙, 모래, 자갈, 돌 등의 축제 재료가 충분히 있고, 수몰로 인한 보상비가 적은 곳이 좋다. 이 밖에, 상류로부터 토사 유입이 적고 관개 구역에 가까우며, 유지, 관리하기에 편리한 곳이 바람직하다.

③ 댐

저수를 하기 위해서는 댐을 축조해야 한다. 댐은 축제 재료에 따라, 필댐(흙 또는 사력댐), 콘크리트 댐, 철근 콘크리트 부벽 댐 등이 있는데, 그 중 가장 많은 것이 필 댐이고, 그 다음이 콘크리트 중력댐이다.

필댐은 주로 점토, 흙, 사력 등으로 축조된다. 축제 재료는 구하기 쉽고 어느 종류의 댐보다 공사비가 싼 편이므로, 우리나라의 경우 관개용 댐으로 가장 많이 축조되고 있다. 필댐은 기초 지반에 가해지는 압력이 작기 때문에 기초 지반이 좋지 않은 곳에서도 적당하며, 최근에는 토질 및 지반 공학 기술이 발전됨에 따라 100m 이상의 것까지 축조가 가능하게 되었다. 필 댐의 축제 재료가 갖추어야 할 조건은 안정도, 투수도, 불용성 및 경제성이다. 안성도를 높이기 위해서는 재료의 마찰각과 점착력이 커야 하며, 굵은 재료와 가는 재료가 적당한 비율로 잘 섞여 있어야 한다. 그리고 댐은 저수를 목적으로 하는 것이므로 불투수성이어야 하고 저수지의 수심이 최대일 때 제체의 침투 수량이 허용범위 내에 있어야 한다. 또, 축제 재료 중에는 유기 물질을 비롯해 물에 용해되는 광물질 등이 포함되어 있으면 안 되며, 질이 좋은 축제용 재료를 댐 터 부근에서 충분히 얻을 수 있어야 한다.

콘크리트 댐에는 중력 댐, 아치 댐, 부벽 댐 등이 있으며, 댐의 기초 지반은 필 댐의 경우와 달리 견고해야 하고, 댐의 무게와 수압에 견딜 수 있고, 누수가 없어야 한다.

중력댐은 자중으로 수압 등의 외력에 견딜 수 있게 만든 것으로, 될 수 있으면 비중이 큰 재료를 써야 한다. 아치 댐은 주로 아치 작용에 의하여 수압에 견딜 수 있게 설계된 것으로, 기초 지반이나 협곡의 양쪽 비탈면에 견고한 암반이 노출되고, 폭이 좁은 V자형의 계곡을 이룬 지형 조건이 좋다. 아치 댐은 중력 댐에 비하여 30% 이상의 재료 절약을 가져올 수 있다.

부벽 댐은 슬랩에 의하여 물을 막으며, 수압이 부벽을 통하여 기초에 견딜 수 있게 하는 구조를 가지게 한 것으로, 철근 콘크리트로 만들어진다. 부벽 댐은 폭이 넓은 U 자형 계곡이면서 양호한 암반이 노출된 곳이 좋고, 중력댐에 비하여 전도에 대한 안전율이 크며 재료도 절약된다.

④ 지하수 이용 시설

지형상 다른 용수원으로부터 도저히 도수할 수 없거나, 도수하는 데 막대한 경비가 들 때에는 부득이 지표수 외의 수원을 찾아야 하는데, 이러한 경우에는 땅 속의 지하수를 개발하여 이용해야 한다. 지하수의 효과적 이용을 위해서는 이용상의 특징을 알아야 한다.

지하수는 계절적인 변화가 적기 때문에 가물 때에도 일정한 양의 물을 얻을 수 있으며, 여러 용수원 시설 중 가장 공사비가 저렴하다. 또한, 다른 용수원 시설에 비해 매우 단순하여 단시일에 공사를 마칠 수 있고, 또 관개 지역 안이나 바로 가까운 곳에 분산 배치가 용이하여 긴 수로 시설이 필요 없으므로 농경지 손실률을 크게 줄일 수 있다. 지하수는 홍수 때 재해를 받는 일이 거의 없다. 용출 능력에 한도가 있어 저수지와 같이 필요한 때에 많은 양의 물을 마음대로 사용할 수 없는 결점이 있지만, 지표수와 같이 수리권 관계로 복잡한 문제는 생기지 않는다. 지나치게 지하수를 이용하면 그 일대의 지하수위가 전체적으로 낮아지게 되어 물이 나오지 않게 되는 경우도 있고, 지반이 침하하거나 함몰이 생겨 우물이 막히기도 하여 내용 연한이 비교적 짧아진다. 수온이 차가운 편이어서 작물의 생육에 장애를 일으키기 쉽다. 지하수 수질이 한번 오염되면 회복하기 힘들어 인접 우물로 확산이 빠르다.

⑤ 양수장 시설

관개 대상 지역이 하천 또는 호수의 수면보다 높아서 자연 관개를 할 수 없는 곳이나, 우물,

집수지 또는 집수 속도랑 등을 관개 용수원으로 하는 경우에는 펌프로 양수하여 관개하며, 이 경우에 펌프, 원동기 등의 양수 시설이 필요하게 된다. 그러므로 관개 계획에 펌프를 사용하는 경우에는 그 시설의 유지, 관리 및 경제성에 대해서도 신중히 고려해야 한다.

양수 관개 지역의 결정방법에서 양수장을 설치할 경우에 가장 문제가 되는 것은 유지, 관리 및 기타 운영비를 가급적 줄일 수 있는 방향으로 관개 지역의 범위를 정하여 시설의 크기를 결정하는 일이다. 따라서, 하천수를 양수하여 관개할 필요가 있을 경우에는 먼저 관개 대상 지역의 지형을 정밀히 측량하여, 자연 관개가 될 수 있는 범위와 될 수 없는 범위를 결정하여 양수 관개를 하게 될 면적을 될 수 있는 대로 줄이도록 한다. 우물의 물을 이용하는 경우에는 우물 자체에 소요되는 시설비보다는 그 물을 양수하는 펌프의 시설비와 유지, 관리 운영비를 줄이는 방향으로 계획하는 일이 많다. 예를 들면, 1개의 우물로 물의 부족이 생길 경우에는 우물의 수를 늘릴 수밖에 없으나, 이때에 우물 1개당 용출량을 크게 하여 우물의 수를 줄여야 한다. 그러나 펌프의 유지, 관리 운영비 및 시설비 면에서 볼 때에는 우물간의 거리를 좁히면 지하수면의 간섭이 커지므로, 우물의 공사비가 증가하지만, 양수 시설을 한 곳에 집중시킬 수 있어 그만큼 유리한 것이 된다. 또, 이것은 전체적인 면에서도 유리한 점이 많아 널리 사용되고 있다.

한편, 하천수를 이용하기 위하여 양수장의 위치를 선정하는 경우에는 유심과 하천 바닥 높이에 변동이 없고, 관개 기간 중의 갈수 시에도 필요 양수량을 얻을 수 있으며, 되도록 관개 지역에서 가깝고, 될 수 있는 한 양정이 크지 않은 위치를 선정해야 한다.

3) 용수로 시설

경지에 물을 대려면 저수지, 양수장, 관정, 집수 속도랑 등의 관개 용수원 시설로부터 경지까지 물을 끌어가는 수로가 필요한데, 이것을 용수로(irrigation canal)라 한다. 용수로는 지형에 따라 산간부 또는 산허리를 지나가야 되는 경우도 있고, 하천, 제방, 도로, 배수로 또는 급한 비탈 등의 장애물을 통과하는 경우가 있다. 따라서, 이러한 장애물을 통과하려면 그곳에 알맞도록 터널, 수로교, 용수 잠관(역사이펀), 낙차공, 분수공 등과 같은 공작물을 선정, 계획해야 하지만, 용수로의 노선 선정에서는 되도록 이 공작물의 수를 줄이는 방향으로 계획하는 것이 무엇보다도 중요하다.

① 용수로의 종류

용수로는 보통 그 기능에 따라 다음과 같이 세 종류로 구분한다.

㉠ 간선 용수로

1개의 관개 구역 전체의 관개를 위한 송수 기능을 가진다.

㉡ 지선 용수로

간선 용수로의 도중에서 분기되는 수로로, 간선 용수로가 지배하는 전 관개 구역을 지형에 따라 몇 개 구역으로 구분하였을 때, 그 각각의 구역에 물을 배분하는 기능을 가진다.

㉢ 용수 지거

소규모 지구에서는 간선 용수로에서 직접 분기되는 일도 있지만, 일반적으로 지선 용수로에서 분기되는 수로로서, 직접 농경지에 물을 배분하여 주는 기능을 가진다. 통수 단면에서 보면 간선 용수로는 그 통수 단면이 일반적으로 크지만, 같은 간선 용수로일지라도 관개 구역이 작은 지역의 간선 용수로의 수로 단면은 관개 구역이 큰 지역의 지선 용수로의 수로 단면 보다 작은 일도 있으므로, 용수로의 종류에 의한 구분은 별로 의미가 없다.

② 용수로의 위치 선정과 배치

용수로의 위치 선정과 배치에서 유의할 사항은 다음과 같다.

㉠ 간선 용수로와 지선 용수로는 주로 지형에 따라 배치해야 되지만, 될 수 있는 대로 직선으로 배치하고, 간선 용수로는 원칙적으로 관개 구역 전체에 물을 끌어들일 수 있도록 가급적 높은 지대를 선정한다.

㉡ 수로의 유지 관리면에서 볼 때, 홍수가 범람하는 곳이나 산사태가 일어날 위험이 있는 곳은 피해야 하며, 특히 이런 곳에서의 간선 용수로는 가급적 흙쌓기 부분이 적게 되도록 선정한다.

㉢ 용수로의 통수 단면은 말단으로 갈수록 유량이 작아짐과 함께 축소되므로, 될 수 있는 대로 수로 하류부에 침전물이 생기지 않게 물매를 급하게 할 수 있는 위치를 선정한다.

㉣ 용수로의 위치는 분수공, 물넘이, 방수공 등에 의하여 제약을 받으므로, 몽리 면적 및 배수할 하천과의 관계를 고려한다.

㉤ 용수로와 배수로의 배치는 분리를 원칙으로 하고, 용수 지거는 가 배미의 단면에 접할 수 있게 계획하는 동시에, 용수 지거와 배수 지거는 하나 간격으로 서로 병행하도록 배치한다.

한편, 용수로의 물매와 유속에서 용수로의 물매는 수로의 크기, 종류, 수로가 지나가는 곳의 지형 및 토질에 따라 표 8.2와 같이 달라진다.

표 8.2 용수로의 종류와 물매

종 류	간선 용수로	지선 용수로	용수 지거
물 매	$\frac{1}{3,000} \sim \frac{1}{5000}$	$\frac{1}{1000} \sim \frac{1}{3,000}$	$\frac{1}{300} \sim \frac{1}{1000}$

표 8.3 수로의 허용 최대 유속

구분	유속(m/sec)	구 분	유속(m/sec)	구 분	유속(m/sec)
모 래 흙	0.45	모래참흙	1.50	메 쌓 기 (돌기장 30cm 이하)	1.50
모래참흑	0.60	연 암	2.00		
참 흙	0.70	보 통 암	2.50	메 쌓 기 (돌기장 30cm 이상)	2.00
질 참 흙	0.90	경 암	4.00		
질 흙	1.20	콘크리트	4.00	찰 쌓 기	3.00

물매가 급하면 유속이 커져서 토사의 침전 및 수초의 번성을 억제하고, 수로 단면을 축소시킬 수 있는 장점이 있으나, 수로의 안쪽면이 침식을 받기 쉽다. 따라서, 수로의 물매는 수로에 침식을 일으키지 않을 정도의 유속을 가지도록 계획하는 것이 필요하며, 이 침식을 일으키지 않을 정도의 최대 유속을 허용 최대 유속이라고 한다.

또한, 수로 계획에는 토사 등이 침전하면 그만큼 수로의 통수 능력이 저하되므로, 적어도 이를 억제할 수 있는 유속의 유지가 필요하며, 이와 같은 유속을 허용최소 유속이라 한다.

표 8.4 수로의 허용 최소 유속

수 심(m)	0.3	0.6	0.9	1.2	1.5	1.8	2.1	2.4	2.7	3.0
유속(m/sec)	0.19	0.3	0.38	0.45	0.56	0.65	0.69	0.73	0.77	0.82

따라서, 수로의 물매는 허용 최대 유속과 허용 최소 유속의 범위 내에서 조정하며, 관개 면적의 확보에 문제가 없는 한 허용 최대 유속에 가까운 쪽의 물매로 계획한다.

그림 8.9 용수로

되집어보기

1. 낙차공이 설치되는 목적을 설명하시오.

2. 보를 용도별로 구분하고 각각을 설명하시오.

3. 보의 유지관리 사항을 설명하시오.

4. 사용목적에 따라 암거를 분류하고 각각을 설명하시오.

5. 침사지의 정의를 쓰시오.

6. 침사지의 형태를 쓰고 각각을 설명하시오.

7. 침사지의 설계절차를 쓰시오.

8. 관개용수원시설을 쓰고 설명하시오.

9. 관개용수로의 종류를 쓰고 각각을 설명하시오.

10. 관개용수로의 허용최대유속과 허용최소유속을 설명하시오.

부 록

1.1 물의 물리적 성질

(1) 온도에 따른 물의 밀도(g_0/cm^3)

t℃	0.0	0.1	0.2	0.3	0.4	0.5	0.6	0.7	0.8	0.9
0	0.999868	875	881	888	894	905	911	911	916	922
1	927	932	936	941	945	949	953	957	961	965
2	968	971	974	977	980	982	984	987	989	691
3	992	994	995	996	997	998	999	999	999	000
4	1.000000	000	000	999	999	998	997	996	995	993
5	0.999992	990	998	986	984	982	980	977	974	971
6	968	965	962	958	955	951	947	943	939	934
7	930	925	920	915	910	905	899	894	888	882
8	876	870	864	858	851	845	838	831	824	817
9	809	802	794	786	778	770	762	754	746	737
10	738	719	710	701	692	683	673	663	653	643
11	0.999633	623	612	602	591	580	570	559	549	535
12	525	513	502	490	478	466	454	442	429	417
13	404	361	378	365	352	339	326	312	299	285
14	271	257	243	229	215	200	186	171	156	142
15	127	111	096	081	066	050	034	018	003	986
16	0.998970	954	938	921	905	888	871	854	837	810
17	803	786	768	750	733	715	697	679	661	643
18	624	606	587	569	550	531	512	493	474	454
19	435	415	396	376	356	336	316	296	275	255
20	234	214	193	172	151	130	109	088	066	045
21	0.998023	002	980	958	936	914	892	869	847	824
22	0.997802	779	756	734	710	987	664	641	617	594
23	570	547	523	499	475	451	426	402	378	353
24	329	304	279	254	229	204	179	154	128	103
25	077	051	026	000	974	948	921	895	869	842
26	0.996816	789	762	736	709	682	655	627	600	573
27	545	518	490	462	434	406	387	350	322	294
28	265	237	208	179	151	122	093	064	035	005
29	0.995976	947	917	888	858	828	798	768	738	703
30	678	648	617	587	556	526	495	464	433	402

(2) 온도에 따른 물의 점성계수(Centipoise=0.01dyne·sec/cm^2)

t℃	0	1	2	3	4	5	6	7	8	9	10
μ	1.7921	1.7313	1.6727	1.6191	1.5674	1.5188	1.4728	1.4284	1.3860	1.3462	1.3077
t℃	11	12	13	14	15	16	17	18	19	20	21
μ	1.2713	1.2363	1.1708	1.1404	1.1111	1.0559	1.0559	1.0559	1.0299	1.0050	0.9810
t℃	22	23	24	25	26	27	28	29	30	–	–
μ	0.9579	0.9358	0.9143	0.8937	0.8737	0.8545	0.8360	0.8180	0.8007	–	–

(3) 온도에 따른 물의 동점성계수(Stokes=cm^2/sec)

t℃	0.0	0.1	0.2	0.3	0.4	0.5	0.6	0.7	0.8	0.9
0	1.792	1.786	1.780	1.774	1.768	1.761	1.755	1.749	1.743	1.737
1	.731	.725	.719	.713	.707	.701	.696	.690	.684	.679
2	.673	.667	.661	.655	.650	.645	.639	.634	.629	.624
3	.619	.613	.603	.608	.598	.592	.582	.577	.572	.572
4	.567	.562	.557	.552	.542	.537	.537	.533	.528	.524
5	1.519	1.515	1.510	1.505	1.500	1.496	1.491	1.478	1.482	1.477
6	.473	.468.	.464	.459	.455	.451	.466	.442	.438	.433
7	.428	.424	.420	.416	.412	.408	.403	.399	.395	.391
8	.386	.383	.379	.375	.371	.367	.363	.359	.355	.351
9	.346	.342	.339	.335	.331	.327	.323	.319	.315	.311
10	1.308	1.304	1.300	1.296	1.293	1.289	1.285	1.282	1.278	1.274
11	.271	.267	.264	.260	.256	.253	.250	.246	.243	.240
12	.237	.233	.230	.226	.223	.229	.217	.214	.211	.207
13	.204	.201	.198	.194	.191	.185	.182	.178	.175	.175
14	.172	.169	.166	.162	.159	.156	.153	.150	.147	.144
15	1.141	1.138	1.135	1.132	1.129	1.126	1.123	1.120	1.117	1.115
16	.112	.109	.106	.103	.100	.098	.095	.092	.089	.063
17	.048	.081	.078	.075	.072	.069	.067	.065	.062	.059
18	.057	.055	.053	.050	.047	.045	.042	.040	.037	.035
19	.032	.029	.026	.024	.022	.019	.017	.014	.012	.009
20	1.007	1.004	1.002	1.000	0.997	0.995	.993	0.990	0.988	0.986
21	0.983	0.981	0.978	0.076	.974	.972	.969	.967	.964	.962
22	.960	.958	.95	.953	.951	.949	.947	.945	.942	.940
23	.938	.936	.934	.932	.929	.927	.925	.923	.921	.919
24	.917	.915	.913	.911	.909	.907	.905	.903	.901	.895
25	0.897	0.895	0.893	0.893	0.891	0.889	0.887	0.885	0.883	0.879
26	.877	.875	.873	.871	.869	.867	.866	.864	.862	.860
27	.858	.856	.854	.852	.850	.848	.846	.845	.843	.841
28	.839	.837	.835	.833	.832	.830	.828	.826	.825	.823
29	.821	.819	.818	.816	.814	.813	.811	.809	.808	.806
30	0.804	0.803	0.801	0.799	0.798	0.796	0.794	0.793	0.791	0.790

(4) 온도에 따른 물의 표면장력 (dyne/cm)

t℃	0	5	10	15	16	17	18	19
T	75064	74.92	74.22	73.49	73.34	73.19	73.05	72.90
t℃	20	21	22	23	24	25	30	–
T	72.75	72.59	72.44	72.28	72.13	71.97	71.18	–

1.2 단위환산

(1) 길이

미크론(micron) $1\mu = 1\mu m = 10^{-6}m$

옹그스트롬(angstrom) $1\,\text{Å} = 10^{-10}m$

야아드(yard) $1yd = 0.9144m$

피이트(feet) $1\,ft = \frac{1}{3}\,yd = 0.3048m$

인치(inch) $1\,\text{in.} = \frac{1}{36}\,\text{yd} = 0.0254\,\text{m}$

마일(mile) $1\,mi = 1760\,yd = 1609.344m$

海里(nautical mile) $1\,n.mi = 1852m$

光年(light year) $1\,light\ \ year = 9.4614 \times 10^5 m$

(2) 面積

아아르(are) $1\,a = 100m^2$

헥타아르(hectare) $1\,ha = 10^4\,\text{m}^2$

제곱인치(square inch) $1in^2 = 0.4516 \times 10^{-4}\text{m}^2$

제곱 피이트(square feet) $1ft^2 = 9.290304 \times 10^{-4}\,\text{m}^2$

제곱 야아드(square yard) $1yd^2 = 0.836127\text{m}^2$

제곱 마일(square mile) $1mi^2 = 2.58999k\text{m}^2$

에이커(acre) $1\ \text{arce} = 4840yd^2 = 4046.86\text{m}^2$

평 1평 $= 3.30579\text{m}^2$

(3) 體積

리 터(liter)	$1l = 1bm^3 = 10^{-3}$㎥
세제곱 센티미터	1㎤ $= 1.c.c = 10^{-6}$㎥
세제곱 인치	$1in^3 = 16.3871 \times 10^{-6}$㎥
세제곱 피이트	$1ft^3 = 28316.8 \times 10^{-6}$㎥
세제곱 야아드	$1yd^3 = 0.764555$㎥
캘론(galion)	$1gal = 3.78564 \times 10^{-3}$㎥
에이커·피이트(acre-feet)	$1acre \cdot ft = 1230$㎥
에스. 에프. 디(sfd)	$1sfd = 1ft^3/\sec \cdot day = 2450$㎥

(4) 體積流量

리터	$1l/\sec = 10^{-3}$㎥$/\sec$
입방피이트.	$1ft^3/\sec = 1cfs = 2,83168$㎥$/\sec$
갤론.	
갤론. 海分(gallon per second)	$1gal/\sec = 3.79 \times 10^{-3}$㎥$/\sec = 327$㎥$/day$
갤론, 海日(gallon per day)	$1gal/day = 4.38 \times 10^{-8}$㎥$/\sec$
에이커. 피이트 海日(acre-feet-per day)	$1acre \cdot ft/day = 0.0143$㎥$/\sec$

(5) 時間

分(minute)	$1\min = 60\sec$
時(hour)	$1hr = 360\sec$
日(day)	$1day = 24hr = 86400\sec$

(6) 質量

그램 (gram)	$1g = 10^{-3}kg$
톤(tonne)	$1t = 10^3kg$
카랏트(carat)	$1ct = 200mg = 10^{-5}kg$
파운드(pound)	$1lb = 0.45359237kg$
슬러그(slug)	$1slug = 14.5939kg$
그레인(grain)	$1gr = \frac{1}{7000}lb = 64.7989mg$
온스(ounce)	$1\,oz = \frac{1}{16}lb = 28.3495g$
英國톤(ton)	$1t = 2240lb = 1016.05kg$
美國톤(short ton)	$1sh.t = 20001b = 907.185kg$

(7) 힘

뉴우톤(Newton:뉴우톤)	$1N = 1kg \cdot m/\sec^2$
다 인(dyne)	$1dyne = 1g \cdot cm/\sec^2 = 10^{-5}N$
킬로그램(kilogram weihgt)	$1kg = 9.80665N$
파운드重(pound force)	$1lbf = 4.44822N$
파운달(poundal)	$1pdl = 0.138255N$

(8) 에너지, 일

주 울(joule)	$1\ J = \cdot 1Nm$
에르그(erg)	$1erg = 10^{-7}J$
칼로리(thermochemical calorie)	$1cal = 4.184J$
I.T.칼로리(International steam table calorie)	$1cal_{I.T.} = 4.1868J$
킬로와트·時(kilowatt-hour)	$1Kwh = 3.6 \times 10^6 J$
킬로그램重·미터(kilogram-meter)	$1Kgw \cdot m = 9.80665J$
피이트·파운드重(feet-pound force)	$1ft \cdot 1bf = 1.35582J \times 10^{-2}$
제곱 야아드(square yard)	$1yd = 0.836127㎡$
피이트·파운달(feet-poudal)	$1ft \cdot pdl = 0.0421401J$

(9) 動力

킬로칼로리·海時	$1\ Kcal/hr = 1.16222\ W$
킬로그램重·메타	$1kgw \cdot m/\sec = 9.80665\ W$
피이트·파운드·	$1ft \cdot lbf/\sec = 1.35582\ W$
佛馬力(metric horse power)	$1\ P.S = 75w \cdot m/\sec = 735.499\ W$
英馬力(British horse power)	$1\ hp = 745.7\ W = 550ft \cdot lbf/\sec$

(10) SI 단위로 환산 및 SI 단위 접두어

	변 환 기존 단위 → SI 단위		배 수
압 력	kgf/㎠	→ Pa(Passcal)	9.8×10^4
	kgf/㎡	→ Pa	9.8
	mH_2o	→ Pa	9.8
	mmH_2o	→ Pa	9.8×10^3
에너지, 일량	kgf·m	→ J(Joule)	9.8
공률, 동력	PS(마력)	→ W(Watt)	735(=9.8×75)
힘	gf(그램重)	→ N(Newton)	9.8×10^{-3}
	kgf(킬로그램重)	→ N	9.8
	tf(톤중)	→ N	9.8×10^3

인용 및 참고문헌

■ 국외 참고 문헌

1. Ang, H.S and Tang, W.h, Probability Concepts in Engineering Planneing and Design, Volume 1-Basic Principles, John Wiley & Sons, New York, N. Y, 1975

2. Box, G.E.P and Jenkins, G.M Time Series Analysis, Forecasting and Control, Holden-Day, San Francisco, 1970

3. Chow, V.T.(Ed), Handbook of Applied Hyerology, McGraw-Hill, NewYo가, N.Y, 1964

4. Clarke, R.T, Mathematical Models in Hydrology, Irrigation and Drainage Paper No. 19, UN/FAO, Rome, 1973

5. Crawford, N.H. and Linsley, R.K, Digital Simulation in Hydrology: Stanford Watershed Model IV, Technical Report No. 39, Stanford University, Stanford, Calif, 1966

6. De Wiest, R.J.M, Geohydrology, John Wiley & Sons, New York, N.Y, 1965

7. Fiering, M.B and Jackson, B.B, Synthetic Streamflows, Water Resources Monograph No. 1, American Geophysical Union, New York, 1971

8. Fleming, G, Computer Simulation Techniques in Hydrology, Elsevier Publisher, New York, N.Y, 1975

9. Gillet, B.E, Introduction to Operations Research, A Computer-Oriented Algorithmic Approach, McGraw-Hill, New York, N.Y, 1976

10. Haan, C.T, Statistical Methods in Hydrology, Iowa State University Press, Ames, Iowa, 1977

11. Hammer, N.J. and Mac Kichan, K.A, Hydrology and Quality of Water Resources, John Wiley & Sons, New York, N.Y, 1981

12. Harr, M.E, Groundwater and Seepage, Mcgraw-Hill, New York, N.Y, 1962

13. Hydrologic Engineering Center, HEC-1 Flood Hydrograph Package, Users Manual, U.S. Corps of Engineers, Daves, Calif, 1981

14. Japan International Cooperation Agency, Run-off Calculation Method, Reference Material for River Engineering Course, Ministry of Construction, Japan.

15. Kottegoda, N.T, Stochastic Water Resources Technology, Macmillan Press, London. 1980

16. Linsley, R.K, Kohler, M.A. and Paulhus, J.L.H, Hydrology for Engineers, 3rd. Ed, McGraw- Hill, New York, N.Y, 1982

17. Nemec, J, Engineering Hydrology, TATA, McGraw-Hill, Hew Delhi, India, 1972

18. Overton, D.E and Meadows, M.E, Stormwater Modeling, Academic Press, New York, 1976

19. Raudkivi, A.J, Hydrology, Pergamon Press, New York, N.Y, 1979

20. Rouse, H.(Ed), Engineering Hydraulics, John Wiley & Sons, New York, N.Y, 1950

21. Schulz, E.F, Problems in Applied Hydrology, Water Fesources Publications, Fort Collins, Colrado, 1976

22. Sugawara, M, Watanabe, I, Ozaki, E, and Katsuyama, Y, Tank Model with Wnow Component, National Research Center for Disaster Prevention, Tchuchuba, 1984

23. Todd, D.K, Groundwater Hydrology, 2nd Ed, John Wiley & Sons, New York, N.Y, 1980

24. U. S. Army Corps fo Engineers, SSARR Model; Streamflow Synthesis & Reseruoir Regulation, Program 724-K5-G0010, North Pacific Division, Portland, Oregon, 1975

25. Viessman, W, Knapp, J.W, Lewis, G.L, and Harbaugh, T.E, Introduction to Hydrology, 2nd Ed, IEP, A Eun-Donnelley Publisher, New York, N. Y, 1977

26. Wanielista, M.P, Stormwater Management; Quantity and Quality, Ann Arbor Science Publishers, Ann Arbor, Michigan, 1978

27. Wilson, E.M, Engineering Hydrology, 2nd Ed, Macmillan, London, 1974

28. Yevjevich, V, Probability and Statistics in Hydrology, Water Resources Publications, Fort Collins, Colorado, 1972

■ 국내 참고 문헌

1. 건설기술연구소, 수문관측소 색인집, 1994.

2. 건설부, 하천시설 기준, 1993.

3. 건설부 한국의 댐 1973

4. 권순국 외 11인, 사람과 물, 서울대학교 출판부, 2008.

5. 김명철, 천승필, 이종국, 하천생태계와 담수무척추동물 2013

6. 김의원 한국국토개발사연구 대학도서 1982.

7. 노 섭, 수리시설 및 수리실험, 도서출판 청호, 2003.

8. 두산백과

9. 대한토목학회 한국 토목사 1973

10. 문영일 외 3인 공역 수문학 이론 및 응용, Hydrology in Practice, 사이텍 미디어, 1998.

11. 물 백과사전

12. 백창식 외4인 공저, 수리실험, 구미서관, 2002.

13. 선우 중호, 수문학, 동명사, 1985.

14. 손명원 한국의 자연지리 2012.

15. 송재우, 수리학, 구미서관, 1998.

16. 수자원 공사, 소하천 시설기준, 1995.

17. 시사경제스케치

18. 연규방 외 2인 수문학, 구미서관, 1997.

19. 윤용남, 공업수문학, 청문각, 1991.

20. 이삼노, 박성천, 물과 현대생활, 구미서관, 2002.

21. 이상도, 노 섭, 상하수도공학, 한솔아카데미, 2017.

22. 이원환, 수문학, 문운당, 1998.

23. 천재학습백과

24. 최영박 외 3인 공역, 수문학(Introduction to Hydrology), 문운당, 1994.

25. 한국수자원개발공사 한국의 물 자원 1970

26. 한국조경신문

27. 한국학 중앙연구원 한국민족문화 대백과

28. 한국향토문화 전자대전

29. 한림학사 물의 이용 2007

30. Chow, V.T.(Ed), Handbook of Applied Hyerology, McGraw-Hill, NewYork, N.Y, 1964

31. Linsley, R.K, Kohler, M.A. and Paulhus, J.L.H, Hydrology for Engineers, 3rd. Ed, McGraw-Hill, New York, N.Y, 1982

32. Raudkivi, A.J, Hydrology, Pergamon Press, New York, N.Y, 1979

33. Viessman, W, Knapp, J.W, Lewis, G.L, and Harbaugh, T.E, Introduction to Hydrology, 2nd Ed, IEP, A Eun-Donnelley Publisher, New York, N. Y, 1977

34. Wilson, E.M, Engineering Hydrology, 2nd Ed, Macmillan, London, 1974

찾아보기

저자소개

노 섭

(박사) 홍익대학교 (토목공학/수자원공학)
(석사) 홍익대학교 (토목공학/수자원공학)
(학사) 홍익대학교 (토목공학)

(현재) 여주대학교 건축·토목과 정교수
- 국민안전처 정책자문위원(재난관리)
- 국민안전처 풍수해(자연재해) 저감종합계획 심의위원
- 국민안전처 중앙/지방(강남구, 수원, 용인, 광주, 이천, 여주, 양평, 제주) 재해 영향성검토 심의위원
- 국민안전처 재해복구 사전심의위원
- 국민안전처 2017, 2018, 2019, 2020 지방자치단체 재난관리평가위원
- 국민안전처 2017, 2018, 2019, 2020 안전한국훈련 컨설팅 및 평가위원
- 경기도, 양평 (소)하천관리위원
- 경기도 댐/저수지 안전관리위원
- 경기도 건설기술심의위원
- 한국수자원공사 기술/설계심의위원
- 한국수자원공사 한강물관리센터(이포, 여주, 강천보) 관리위원
- KOICA 기술심의위원
- 경기경찰청 재해재난분야 외래강사
- 전국 법원전문심리위원(수자원 분야)
- 여주지청 검찰위원회
- 여주 도시계획위원
- 여주 상수도 자문회의 위원장
- 여주 하수처리장 용역 및 기술평가위원
- 한강수질모니터링단/수자원공사/환경부
- 경기도 광주시 건설기술심의위원
  (※ 상기 국민안전처는 2017년 08월 행정안전부로 통합)

(학회/역임)
- 대한토목학회 정(평생)회원
- 한국수자원학회 정(평생)회원
- 한국방재학회 정(평생)회원/기획위원
- 한국방재협회 정(평생)회원
- 한국방재협회 신기술평가위원
- 재해경감협회 심의위원/반장
- 前 민주평화통일 자문위원
- 한국방재안전학회 정(평생)회원/이사(現)

(수상)
- 한국빙재학회 회장 표창(2005. 03.)
- 대통령표창(재해대책분야, 2006. 05)
- 안전행정부장관 표창(사전재해검토분야, 2013. 12.)

(저서 및 논문)
- 수리학, 응용수문학, 상하수도공학, 재난관리론 등 15편
- 박사학위논문 포함 총 22편

기초 및 응용 수공설계 **정가 18,000원**

저 자 : 노섭

발행인 : 임해진
발행처 : 도서출판 구미서관

인쇄 : 2021년 01월 17일
발행 : 2021년 01월 22일

등록 : 1979년 6월 29일 No.9-6호
주소 : 서울시 마포구 신촌로 2길 5-15 구미빌딩
전화 : 02-333-1101
팩스 : 02-335-2201
http://www.goomibook.com

ISBN : 979-11-6257-141-5 (93530)
